U0871867

2021–2022 同济都市建筑年度作品

同济大学建筑设计研究院（集团）有限公司都市建筑设计院

主　编　谢振宇　徐　甘

编委会　（按姓氏拼音为序）

蔡永洁　常　青　陈　强　陈　易　胡　玎　黄一如　李　立

李麟学　李瑞冬　李翔宁　李振宇　卢济威　钱　锋　孙彤宇

汤朔宁　王伯伟　王红军　王　一　王志军　吴长福　伍　江

谢振宇　徐　风　徐　甘　章　明　张　鹏　赵秀恒　庄　宇

YEARBOOK OF TONGJI URBAN ARCHITECTURAL DESIGN 2021–2022

Edited by the Urban Architecture Design Institute of Tongji University Architectural Design and Research Institute（Group）Co., Ltd.（TJADRI group）

Editors–in–Chief：Xie Zhenyu, Xu Gan

Editorial Committee:

Cai Yongjie, Chang Qing, Chen Qiang, Chen Yi, Hu Ding,
Huang Yiru, Li Li, Li Linxue, Li Ruidong, Li Xiangning,
Li Zhenyu, Lu Jiwei, Qian Feng, Sun Tongyu, Tang Shuoning,
Wang Bowei, Wang Hongjun, Wang Yi, Wang Zhijun, Wu Changfu,
Wu Jiang, Xie Zhenyu, Xu Feng, Xu Gan, Zhang Ming,
Zhang Peng, Zhao Xiuheng, Zhuang Yu

前 言

过往的几年，建筑设计行业受到了诸多因素的叠加影响。疫情期间被动应对的线上工作方式，不断提升的行业竞争压力，全过程设计咨询服务的执业趋势和建筑师负责制的推行，对于以专业教师为核心的同济都市建筑设计院创作实践团队来说，挑战是前所未有且持续的。可喜的是，都市建筑设计院作为建筑创作领域产教融合的独特存在，两年来又收获包括亚建协、中勘协、中国建筑学会、教育部、上海市建筑学会、上勘设协等专业机构评定的各类设计奖 60 余项。获奖的数量和等级、作品的影响力继续在国内同行和同济设计集团内中保持优势。这些业绩的取得，集中体现了创作团队以学术研究为依托的实践创作能力，集中体现了以同济设计集团为依托的各专业的技术支持。

《2021—2022 同济都市建筑年度作品》选录了同济大学建筑设计研究院（集团）有限公司都市建筑设计院在两年中完成的一百一十余个项目，作品涵盖文化、教育、体育、办公、商业、更新与保护、城市设计、住区和景观设计等类型。项目类型多元化，设计阶段包括方案（含投标）、初设和施工图等作品集特征，既反映都市院二十余个设计团队的研究与创作专长，也反映了选录作品的原创性和即时性。年鉴性的辑集出版方式，已成为都市建筑设计院长期坚持的促进学术交流、呈现专业价值和影响力的重要载体。

挑战与机遇并存，面向未来，同济都市建筑设计院这一专业实践队伍，确信会在注重实践、服务社会的产教融合的进程中砥砺前行，积极应对学科、行业的新常态，不断寻求设计实践的新赛道，持续取得体现专业和社会价值的新成绩。

《2021—2022 同济都市建筑年度作品》编委会

Preface

In the past few years, the architectural design industry has been affected by a combination of various factors. The online work mode that passively responded to the epidemic, the increasing competitive pressure in the industry, the practice trend of full-process design consulting services, and the implementation of the architect responsibility system have posed unprecedented and continuous challenges to the creative practice team of Tongji Urban Architectural Design Institute (UADI), with professional teachers as the core. Fortunately, as a unique existence of the integration of production and education in the field of architectural creation, the UADI has harvested more than 60 design awards issued by the Architects Regional Council Asia, the China Engineering and Consulting Association, the Architectural Society of China, the Ministry of Education, the Architectural Society of Shanghai, the Shanghai Exploration and Design Trade Association, and other professional institutions in the past two years. The number and level of awards and the influence of the works continue to maintain an advantage among domestic peers and within the Tongji Design Group. These achievements have centrally reflected the team's ability to create practical works based on academic research and the technical support of various specialties based on the Tongji Design Group.

The ***Yearbook of Tongji Urban Architectural Design 2021–2022*** selected and documented 110 plus projects completed in two years by the UADI of Tongji Architectural Design and Research Institute (Group) Co., Ltd., covering culture, education, sports, office, business, historic preservation and renewal, urban design, landscape architecture, and other types. The project types are diversified, and the design stages include schemes (containing bidding), preliminary design, construction drawings, and other portfolio features, reflecting both the research and creative expertise of more than 20 design teams in the UADI as well as the originality and timeliness of the selected works. The yearbook-style compilation and publication method has become an important carrier for the UADI to promote academic exchange and present professional value and influence in the long term.

Challenges and opportunities coexist, facing the future. The UADI of Tongji University, a professional practice team, is confident that it will forge ahead in the process of integrating production and education, serving society, actively responding to the new normal of disciplines and industries, constantly seeking new tracks for design practice, and continuing to achieve new results that reflect professional and social value.

Editorial Committee of ***Yearbook of Tongji Urban Architectural Design 2021–2022***

目　　录
CONTENTS

汉魏洛阳城遗址博物馆

MUSEUM OF LUOYANG CITY SITE IN HAN-WEI DYNASTY, LUOYANG, HENAN

汉魏洛阳城遗址是迄今发现的黄河流域面积最大、建都时间最长、城市形制变化最纷繁复杂、文化内涵极为丰富的古代都城遗址，在中华文明演变历程中具有突出价值和关键影响。遗址博物馆的选址介于洛阳白马寺景区和汉魏洛阳城内城遗址之间，东邻汉代洛阳城的雍门遗址。遗址的现状极其苍茫辽阔，宫城区的几座主要宫殿遗址纵深排布，形成一条中轴线正对南部的天然山阙。设计的出发点立足于维护文化遗产信息的完整性和准确性，以尽可能低调谦和的姿态克制建筑表达，以期创造古今对话、在当代视野中咏史怀古的沉浸式体验场所。

建筑布局纵向延展，以潜在的中轴线串联主要空间，形成气度庄严、若隐若现的“中”字形布局。同时，效法汉魏时期建筑群体的灵动组合，多组空间轴相互转换形成丰富的建筑肌理，寓对称于不对称之中。建筑屋顶的组织，受到遗址发掘现场考古大棚的启发，以坡顶隐喻考古现场的覆盖。坡顶之间的组织打破纵向串联的传统方式，形成直指东侧遗址区的斜向插接关系，悄然形成了一组类似汉代最高形制的“三出阙”屋顶。再以简约的嵩山汉阙作为建筑群入口的显著标识，打造“西风残照，汉家宫阙”的场所意向，使大型现代建筑体量充分融入宏大的汉魏历史空间之中。

设 计 者：李立　肖蕴峰　袁菘浩　杨眉　冷先强　高山
工程规模：建筑面积 32 806m^2
设计阶段：方案设计
委托单位：洛阳市文物局

博物馆与白马寺

建筑东侧整体天际线效果图

南北中轴透视效果图

开放的屋面游径

中央大厅透视效果图

剖透视图

雄安之翼

THE WING OF XIONG'AN, HEBEI

雄安之翼位于雄安新区电建智汇城容东片区 1 号地块的 43 地块的中地块，这是“方城”中轴线的收头位置，俯瞰金鸡湖公园，与景观资源交相呼应。作为文化地标，雄安之翼同时包含了文化、商业及办公功能。其中有两个不同尺度的剧场空间，满足了从专业汇演到业余演出的不同需求。建筑面积 23 500 平方米，为世界最大的 3D 打印智能建造建筑。

建筑采用了双向渐进法结构优化、3D 智能建造、参数化瓦屋面等先进智能设计与建造技术，代表了建筑行业的领先科技水平。世界领先的 BESO 拓扑结构双向渐进优化技术算出了复合结构受力的最优用钢量，两翼悬挑 20 米，展现了雄安之翼舒展优雅的形态。悬挑下方的自由曲面采用了创新研发的改性塑料 3D 打印技术。经过 3D 打印编程后输入大尺度 3D 设备打印，过程全程实现数字化制造，可以实现复杂构件的高精度 3D 打印。辅助机器人现场装配等创新施工技术，实现复杂造型建筑的高质量高精度建造。3D 打印板可完美呈现建筑外表皮的曲面形态。

建筑外立面的自由曲面空间与多种多样的红色变换叠加，使得来访者从不同角度、不同路径、不同时间都能获得完全不同的感受。以有限的空间获得无限的体验感，正是新技术所能赋予这座建筑的无限可能。

设 计 者：袁烽　赵奕清　高伟哲　陶曦　郑翔宇　何东能　金晋蹊
工程规模：建筑面积 23 500m^2
设计阶段：施工图设计
委托单位：中电建河北雄安智汇城建设发展有限公司

整体鸟瞰图

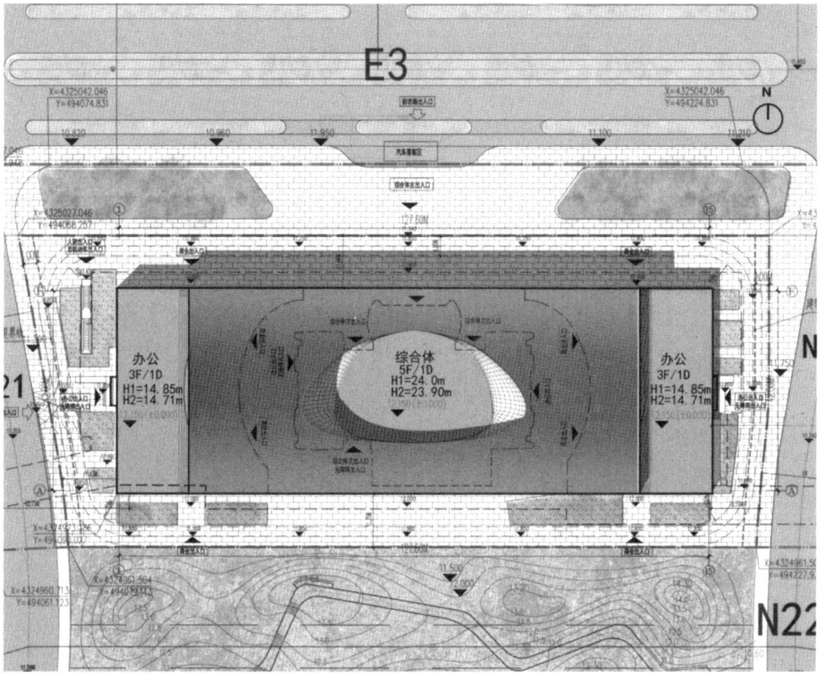

总平面图

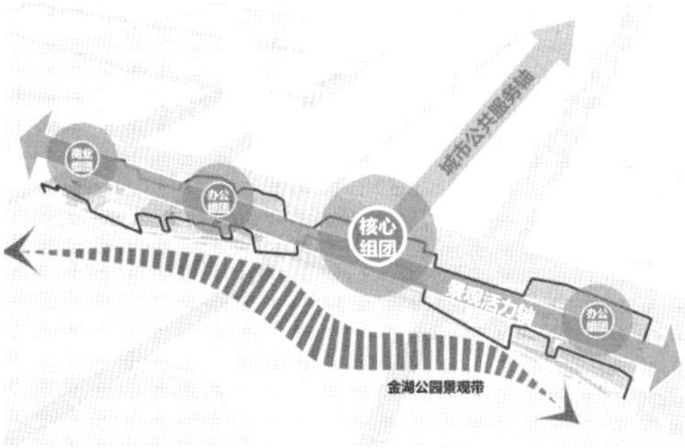

空间分析图

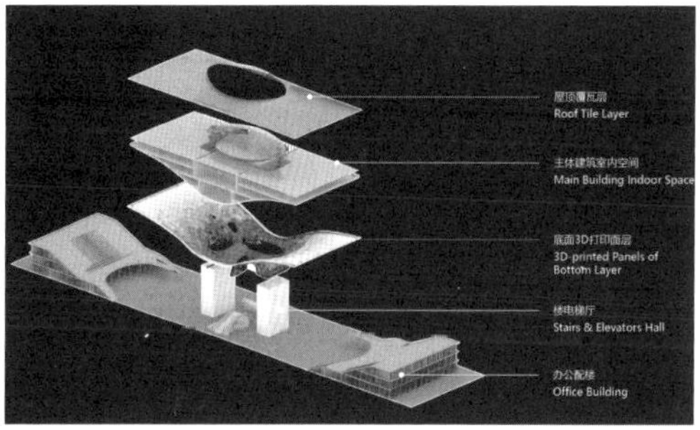

轴侧分析图

人视图

安徽艺术学院 · 艺术楼

ART BUILDING, ANHUI ART INSTITUTE, ANHUI

艺术楼位于校园中心湖畔，享有优越的景观资源。

布局遵循总体规划的“新徽派艺术聚落”理念，由南侧主楼和北侧大师工作室及滨水茶轩组成，二者通过跨湖二层开放公共步道联系起来。其中大师工作室组群位于由音乐大草坪通往西区教学组团的景观带上，小尺度建筑错落布置，宛如微缩版的徽州民居村落，为当代校园带来了难得的低层高密度空间体验。

主楼为偏转的 U 形平面布局，缺口朝向湖面；内部一层的错动展厅和报告厅向湖面延展，在底部形成多个院落，二层则为开阔的观景平台。临水界面为半室外空间，与周围景观积极互动，形成通透而丰富的空间层次。

通往主楼二层平台的引桥将大师工作室组群分为东西两个组团。桥体紧贴建筑，公共与私密，两种不同属性空间的并置产生戏剧性张力。桥上步道与桥下滨水栈桥立体交错，为师生们提供了多维的校园视野和舒适的观湖体验。活动场地空间相互渗透，形成丰富的院落层次和空间感受。

设 计 者：陈强　叶雯　陈剑如

工程规模：建筑面积 10 672m^2

设计阶段：方案设计、深化设计

委托单位：安徽艺术学院

鸟瞰图

二层景观平台图

滨水景观图

交错路径图

滨水夜景图

引桥图

小径景观图

石家庄音乐厅

SHIJIAZHUANG CONCERT HALL, HEBEI

石家庄音乐厅位于太平河城市片区 54 号地块。地块为太平河城市片区三大城市文化场馆之一，功能定位为音乐厅。地块西侧为城市主干道向河大街，为城市级生活性街道：南侧为柳北路，为景观性街道。沿向河大街及柳北路建筑界面应整体连续，通过轮廓线变化等手段，化解建筑体量感并增加建筑的渗透性。音乐厅所在场地地势平坦、景观资源优越，北侧为滨水景观带。项目规划总用地 3.788 万平方米，实用地面积 2.919 万平方米，项目总建筑面积 45 000 平方米，其中地上面积 30 000 平方米，地下面积 15 000 平方米，建筑高度 36 米（室外地坪至造型最高点），地上三层，地下一层。

本案例在设计上的出发点是打造以音乐厅为核心，具有标志性和原创性国内乃至国际一流、百年经典的城市文化名片，设计理念为“舟泊乐港，扬帆远航”，设计成品造型优美，寓意吉祥，形体舒展。尽量在音乐厅需要高敞宽大的体量和与周围城市环境良好呼应上取得平衡。设计将音乐厅各个方向打开，通过室外大楼梯、平台将建筑与周围的环境实现最佳化，环境和空间可以在音乐厅的范围内得到最大的渗透和影响。音乐厅由 1200 座交响音乐厅、400 座室内音乐厅、文创空间、演出用房、管理用房等组成。

设 计 者：徐风　尹澎　洪国威
工程规模：建筑面积 45 000m^2
设计阶段：方案设计
委托单位：石家庄建拓房地产开发有限公司

鸟瞰图

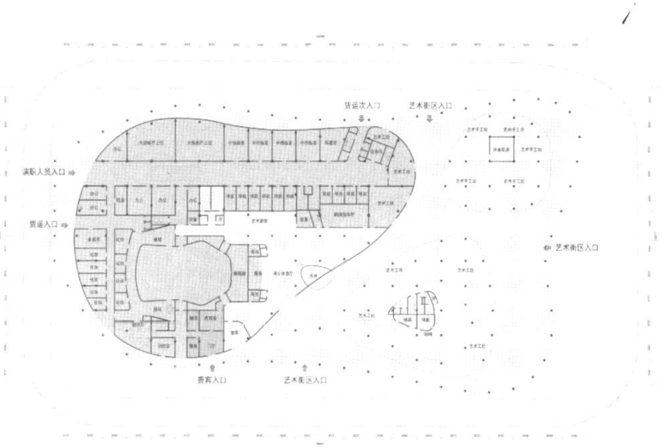
货运次入口
艺术街区入口
演职人员入口
货运入口
艺术街区入口
贵宾入口
艺术街区入口

一层平面图

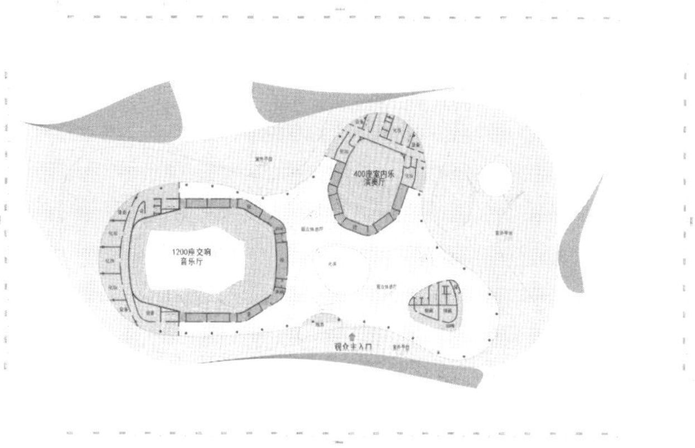
400座室内乐演奏厅
1200座交响音乐厅
观众主入口

二层平面图

复旦大学邯郸校区综合图书馆（望道图书馆）

COMPREHENSIVE LIBRARY (WANGDAO LIBRARY), FUDAN UNIVERSITY, SHANGHAI

望道综合图书馆位于复旦校园中心轴线北首，与毛主席像、国旗坪、恒隆物理楼、公共活动草坪、北侧虬江景观河共同架构起校园核心礼仪轴线。以图书馆为核心东西向延伸拟规划为校园活力生活轴线。多条轴线汇聚使图书馆从单一的阅览功能场所演进为复合的校园活力节点、共享文化中心。

1. 由传统封闭阅览空间向开放场域进化：打破传统图书馆建筑的集中布局模式，体量消解，界面开放；实现景观资源与建筑空间的相互渗透，形成内外融通的多义空间。

2. 由传统层级空间向丘陵城市进化：打破传统图书馆建筑的单一平层空间模式，消解竖向边界，实现空间融通，形成多样的空间类型，丰富场景体验，打造立体活化的文化互动场所。

3. 由单一功能空间向宽适应性空间进化：打破传统图书馆建筑空间匹配单一功能的模式，打造宽适应性空间，形成单一功能为主导、多重功能相叠加的复合型活力共享空间。

4. 由固定流线向游目观想进化：打破传统图书馆建筑单一的垂直交通组织模式，引入漫游路径体系，兼顾快速直达与漫步“书山”的双重交通需求，营造独特的游览体验。

设 计 者：章明　张姿　肖镭　潘思　黄晓倩　朱彦波　林敏薇
工程规模：建筑面积 67 900m^2
设计阶段：方案设计
委托单位：复旦大学

鸟瞰图

北立面效果图

宽适应性空间——讲座模式

下沉庭院学习交流区

东侧人视效果图

中国民用航空飞行学院天府校区图书馆

LIBRARY OF TIANFU CAMPUS OF CIVIL AVIATION FLIGHT UNIVERSITY OF CHINA, SICHUAN

中国民用航空飞行学院天府校区位于成都天府国际空港新城绛溪南片区，图书馆位于整个校园规划的核心位置。基地周边高差较大，北侧临水，西南侧有保留山丘。图书馆根据周边地形及环境采用点式布局，方中有圆，结合飞院的“飞”字造型，折叠成空间。

飞行文化到建筑形态的转译：正如航空发动机之于飞机的意义，图书馆作为校园的标志性建筑，也是飞行学院的核心引擎。设计充分考虑飞行学院的飞行文化特色，提取飞机发动机的螺旋意象作为图书馆的第五立面；同时提取校训“远走高飞、博学笃行”中的“飞”字抽象出设计母题，结合螺旋要素顺时针旋转、折叠成空间，形成五个面均是正面的建筑形体。

外部形态到内部空间的生成：图书馆内部空间的组织秩序同样遵循外部建筑形态的生成逻辑。中央为通高的采光中庭，连续的直跑楼梯围绕中庭自二层顺时针“螺旋”爬升至顶层，外侧两层通高的边庭同样随着图书馆的顺时针方向逐层“螺旋”上升，边庭设置大台阶联系不同标高的开放阅览空间，使用者可通过大台阶自二层步行至顶层。多层次公共空间的营造，也为师生日常学习与活动提供了更多的使用可能。

川西文脉到建筑细部的表达：细部利用川西文脉，将砖砌纹样进行当代化呈现。采用当地民居的镂空砖要素作为建筑立面“虚”与“实”的两种表皮。立面设计采用框景的手法将丰富的山水校园景观引入室内，同时也实现了五个建筑立面和而不同的整体风格。

设 计 者：涂慧君　汤佩佩　高磊　李振宇　王建强　顾炜　王婷婷　章芳　蒋成竹

工程规模：建筑面积 46 607m^2

设计阶段：方案设计、初步设计、施工图设计

委托单位：中国民用航空飞行学院

鸟瞰图

外部形态到内部空间

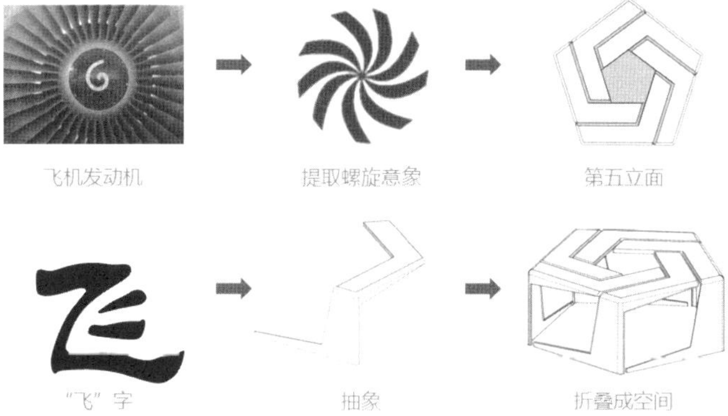

飞行文化到建筑形态的转译

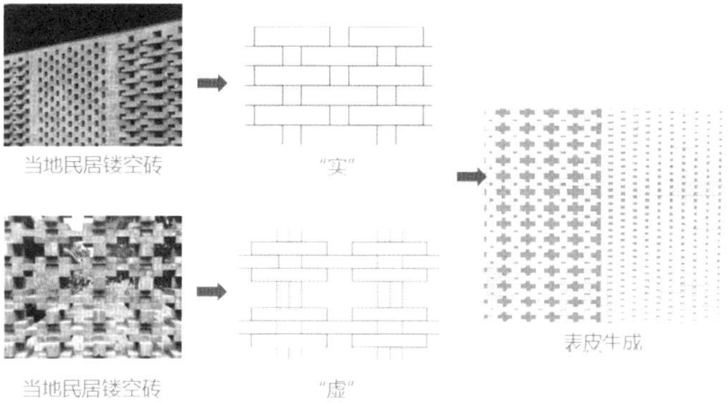

川西文脉到建筑细部的表达

上海市南洋模范中学图书馆

SHANGHAI NANYANG MODEL HIGH SCHOOL LIBRARY, SHANGHAI

南模图书馆改造面积约为 1100 平方米，是中学建筑中少有的无柱形大跨度阅览空间。新的图书馆涵盖了开放学习区、活动模块区、藏书区、多功能学习室、电子阅览室、采编及辅助服务等功能分区，通过复合型场景设计实现了空间的高效利用。

模块化单元组合是满足多元场景切换的关键。首先，通过拓展竖向收纳与压缩横向藏书面积，在图书馆中央区域释放出宽敞的活动空间。随之，引入定制模块灵活满足场景转变的需求。基本模块是由两面涵盖杂志架、图书收纳格、演示白板的立面隔断及沙发组件构成的，构件通过连接装置进行固定，底部设有万向轮便于移动与场景搭建。标准模块和移动家具的拆分再组合，为图书馆创造了四种新的使用模式：日常阅览、开放式工坊、合班教学讲座和展览展示。

此外，在项目改造中，利用图书馆顶层是屋顶花园的特点，顶板开洞，上层打造阳光书吧。空间向上延伸，最大限度引入自然光线，为师生创造了一个更加通透明亮的场所：感朝暮轮转，惜四时，读万卷书。

设 计 者：娄永琪　季祥　郭泠　张杰　尤优　孙奕菲　丁卓媛
工程规模：建筑面积 1100m^2
设计阶段：方案设计，施工图设计
委托单位：上海市南洋模范中学

阅览区

静音阅览室

藏书区 1

开放学习区

藏书区 2

中央广播电视总台超高清示范园工程

CHINA MEDIA GROUP ULTRA HD DEMONSTRATION ZONE PROJECT, BEIJING

项目选址于北京市门头沟区门头沟新城 0605 城区。南邻长安街西延线，东临六环路与永定河，与首钢工业遗址公园隔河相望，是门头沟区面向中心城的重要门户。

项目规划综合考虑基地自身及周边条件，从北向南依次布置演出空间、文化广场、艺术中心，将建筑主要展示及活动空间面向东侧，形成良好的景观面。建筑设计语言源自视觉影像呈现的基本构成要素：像素空间具有高度的模块化特征与适应性，根据主要功能定位演播厅位置，辅助空间根据需求灵活组合。

时空隧道 漫游长廊——演播空间依托北侧场地一字排开，由一条贯穿建筑内外的漫游长廊连接。市民和观众可以通过视听艺术中心进入漫游长廊，在时空隧道观摩大型综艺节目制作、体验沉浸式超高清光影互动展示。

垂直开放 立体广场——面向东侧设置不同层楼的景观平台，形成面向永定河的立体开放空间。底层为视听文化广场，满足大型户外节目演播需求，二、三层穿插坡道、休息平台，顶层设置屋顶花园。与首钢工业遗址公园隔河相望，在空间维度塑造全天候向市民开放的立体生活广场。

设 计 者：钱锋　奚凤新　袁路　李姣佼　陈晓峰
工程规模：占地面积 4.7hm^2　建筑面积 158 000m^2
设计阶段：概念方案
委托单位：中央广播电视总台

整体鸟瞰图

总平面图

人视图 1

人视图 2

雄安新区容东片区 1 号地块项目 XARD–0041 宗地（北地块）

RONGDONG AREA LOT 1 PROJECT XARD-0041 LOT (NORTH LOT), HEBEI

项目位于雄安新区容东片区 1 号地块东区，西侧为金湖公园风景区，东侧紧邻区域标志性建筑，交通便利，地理位置优越。由四栋建筑组成：A1# 为 2 层经营性文化设施，功能为美术馆或艺术展览馆以及配建设施；A2#、A3# 为 2~3 层经营性文化设施，功能为艺术品陈列及零售、精品画廊、文化艺术机构、特色书店、艺术咖啡厅等；A4# 为 2~3 层半开放独栋商业，功能为高端中西餐厅、特色书店、文化艺术展厅等。

以融合自然的景观构想、叠进院落的空间逻辑、当代中式的建筑语言为主要设计策略，通过对院落空间原型的解构和重建，建构极具场所感和参与性的当代文化休闲商业街区。设计坚持院落空间形制和传统建筑形态的基本意向，采用不同尺度院落组合嵌套的布局方式，创造尺度宜人、层次丰富、形态生动的空间表情。

设计顺应地域文化与时代特征，采用高低交错的手法，互相穿插的坡屋面系统，达成统一和谐的整体意向。局部屋面延伸为墙面，以一体化设计建构丰富的游离空间界面。建筑材料选择以“激发历史记忆、凸显当代文明”为原则，通过素砖、混凝土等传统材料和穿孔金属板、陶板等现代材料的精心混搭，塑造兼具历史记忆和时代特征的雄安新建筑。

设 计 者：徐甘　朱淼　叶京杰

工程规模：建筑面积约 16 000m^2

设计阶段：方案设计、初步设计

委托单位：中电建河北雄安智汇城建设发展有限公司

北侧鸟瞰图

北地块透视图 1

北地块透视图 2

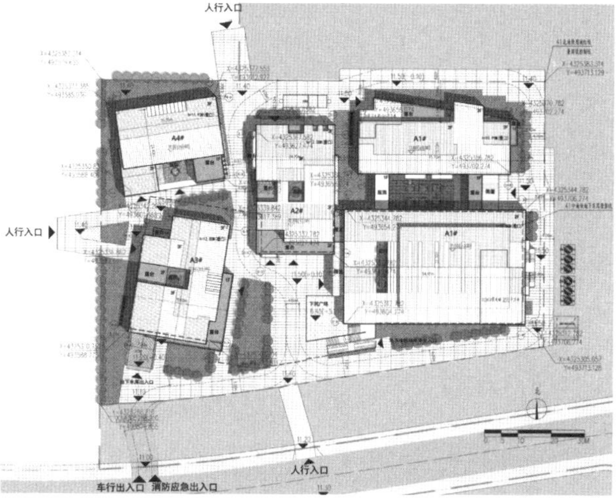

北地块总平面图

南侧鸟瞰图

吴堡文化中心建设项目

WUBAO CULTURAL CENTER CONSTRCTION PROJECT, SHAANXI

项目位于陕西省吴堡县，基地背山面水，南侧面向黄河。用地基本规整，西、南两侧邻城市道路。文化中心项目包括文化馆、图书馆、融媒体中心、文化展厅以及非遗陈列馆等功能，设计以“多彩人文、时空之环”为理念，通过连续的平台和连续外幕墙将各个功能空间整合在一起，打造朝向黄河的观景平台和全天候的公共活动场所，形成富有特色的建筑形态。

1. 建立一个综合的文化中心，集合展览展示、文化休闲、文艺演出、融媒体等多重功能，打造立体的文化艺术中心，为吴堡城市发展提供全方位的服务。

2. 创建新区开放的公共交流中心，塑造城市公众互动的“云”平台，建立别具一格的城市客厅。

3. 充分利用基地、依靠体育公园和黄河的景观优势，通过合理规划增加沿水的开放视角和空间，创造宜人的滨水空间和多层次观景平台。

4. 传承历史，展望未来。通过精心的设计来塑造未来城市历史文脉的展示平台，充分利用建筑群落之间的空间纽带来打造文化的新载体。

设 计 者：胡军锋　高广鑫　董天翔　张君　晏正希　张鹤鸣

工程规模：建筑面积 20 000m^2

设计阶段：方案投标（并列第一）

委托单位：吴堡县文化和旅游文物广电局

鸟瞰图 1

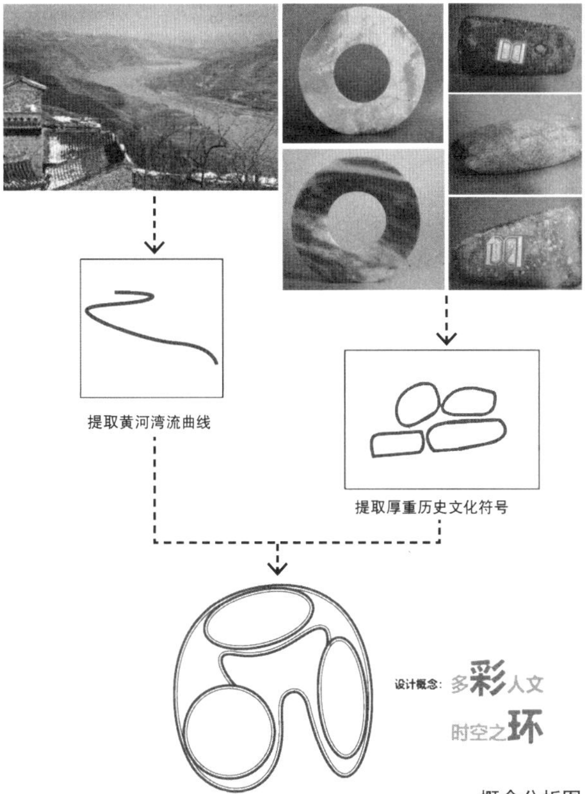

概念分析图

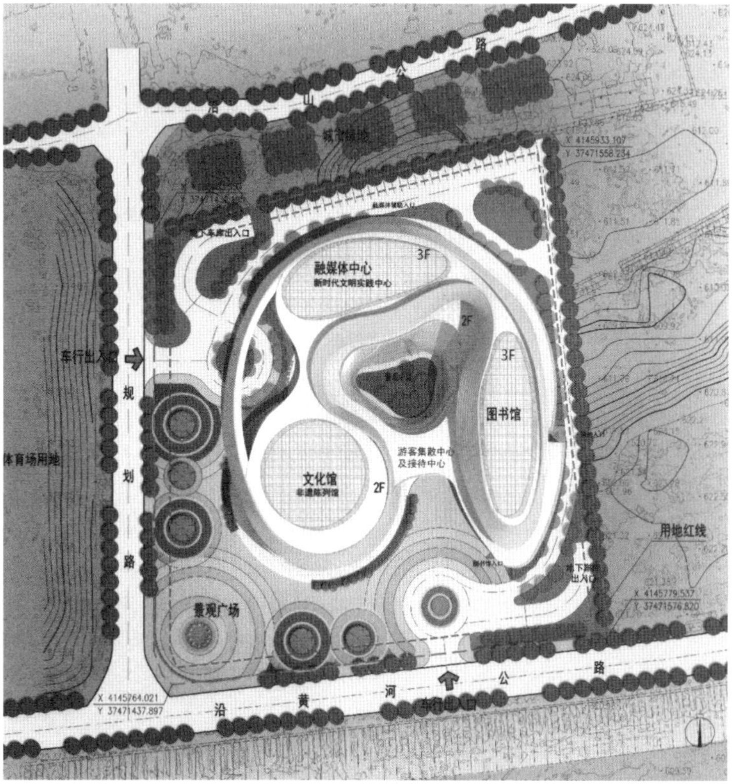

总平面图

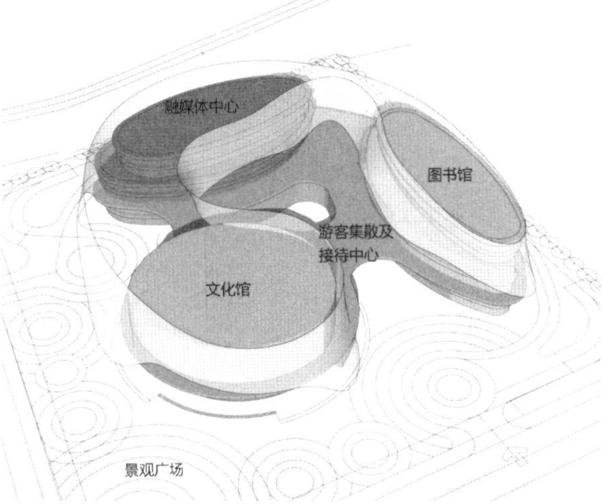

功能分析图

鸟瞰图 2

书院工坊

SHUYUAN WORKSHOP, SHANGHAI

书院工坊位于上海市临港新片区书院镇外灶村，是上海市第四批美丽乡村建设示范项目“科创长廊”的重要节点。

项目在用地范围、建筑规模的策划与确定过程中，“自上而下”与“自下而上”相结合，既为农民增收提供高品质的公共商业设施，又做到充分提高农村建设土地使用效率。

在建设流程上，项目所有程序和手续规范、完整，更为乡村振兴过程中建设项目的依法合规和高效推进起到了示范作用。

在村庄设计上，项目依托村庄主入口空间优势，充分利用河道和农田景观资源，保留并升级原有菜场功能，打造村庄标志性建筑。

在产业策划上，引入清美品牌，设置功能包括生鲜超市、餐厅、咖啡、茶室及农产品展销等，同时也为周边农户日常休闲和售卖时令农产品提供宜人的场所。

在可持续性上，除了按照绿色节能建筑标准进行设计外，该建筑还针对 BIPV 光伏发电技术量身定做整体化坡屋顶，着力打造乡村碳中和生态循环示范区。

在建筑设计上，采用单坡屋顶、白墙黑瓦、木质窗格、自由游廊等设计手法，在体量和尺度处理上凸显建筑的“乡村感”。

设 计 者：黄一如　谢蕤　韦玮　阚明　刘亦为　徐艺桐　杨润宇　施英　林文　顾华翔　马世雄

工程规模：建筑面积 3551m^2

设计阶段：方案设计、初步设计、施工图设计

委托单位：上海浦东新区书院镇外灶经济合作社

鸟瞰图

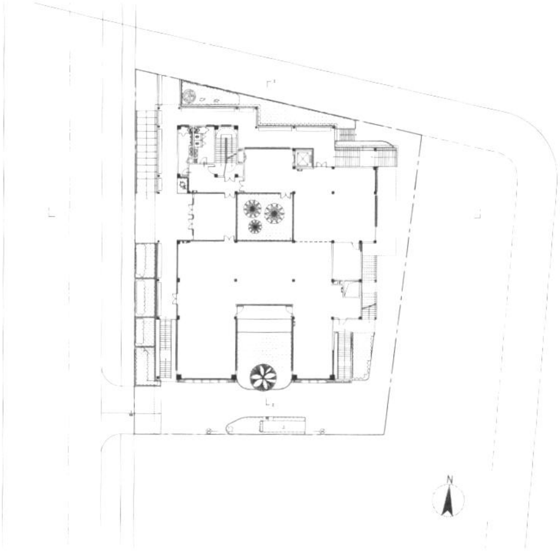

一层平面图

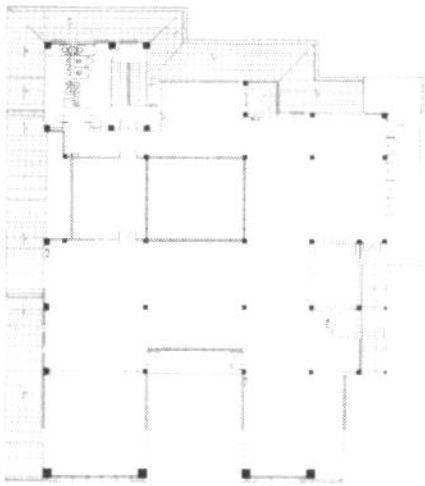

二层平面图

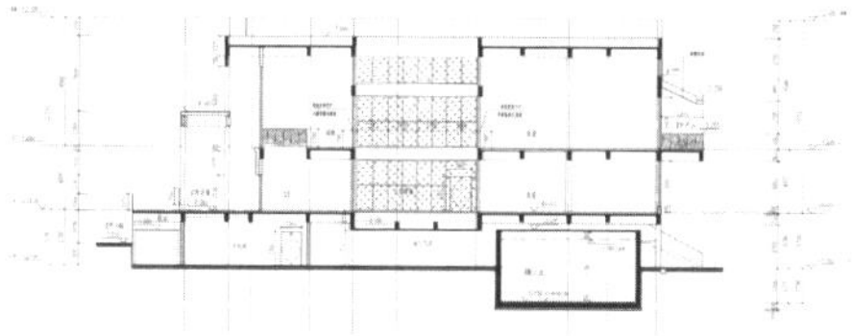

东西剖面图

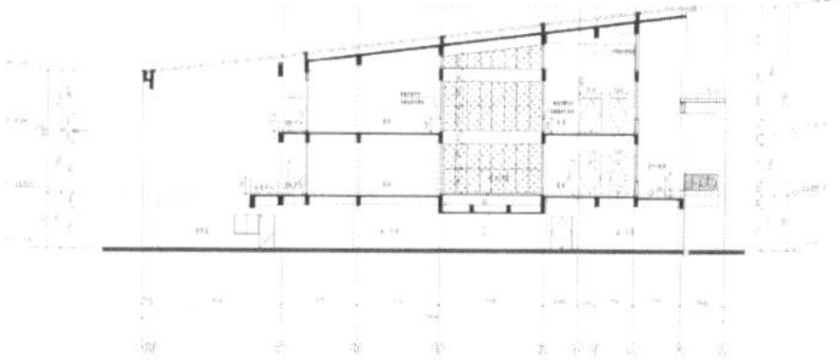

南北剖面图

大陈岛军事文化公园建设项目

DACHENDAO MILITARY CULTURAL PARK, TAIZHOU, ZHEJIANG

项目位于浙江省台州市椒江区大陈镇上大陈岛。位于一处湾口，东、西、北三面环山，南侧邻水，场地东西两侧山顶为场地高点，垂直落差近40米。北侧山腰与南侧水岸两条道路分别穿过用地。

项目充分尊重场地的自然条件，结合地形高差，设计了一条结合军事主题室内展览、教育研讨与军事文化室外展览、登舰体验相互结合的完整参观流线。流线上塑造具有感染力的场景，希望能为上大陈岛创造一个新的景点。整个军事文化公园分为三个部分：位于山谷的展览馆主体，位于山腰的研讨与室外展场，位于水面的军舰体验区。主展馆跨越海滨公路直抵海边，海滨公路下穿建筑形成灰空间，向北通过主入口广场进入主展馆，向南到达海边的观景平台。在这个水平方向延伸的大平台上，遥望军舰，融入在天空下的山海景观里。大厅西侧透过通高的玻璃幕墙可以观看到外部景观庭院，结合座椅形成一个具有良好观感的休息接待空间；序厅结合斜插的体量形成通高的中庭，可以布置大型的雕塑展品，形成空间的核心关注点。由中庭二层回望序厅和主入口大厅，提供了多层次的空间体验。瞭望塔提供了一个高处的框景，可以遥望停泊在海面的军舰。教育与研讨区结合室外展场形成一个多功能的组团。在室外平台，参观室外的雕塑展品的同时还能观赏到悦丽的山海景观。从屋顶向下到达二层平台，提供了一个观赏军舰的绝佳框景，军舰与远处的天空、碧蓝的大海，组成一幅巨大的风景画。

设计指导：李立
设 计 者：李霁原　孙士博
工程规模：建筑面积 7800m^2
设计阶段：方案设计
委托单位：台州市椒江旅游集团有限公司

鸟瞰图

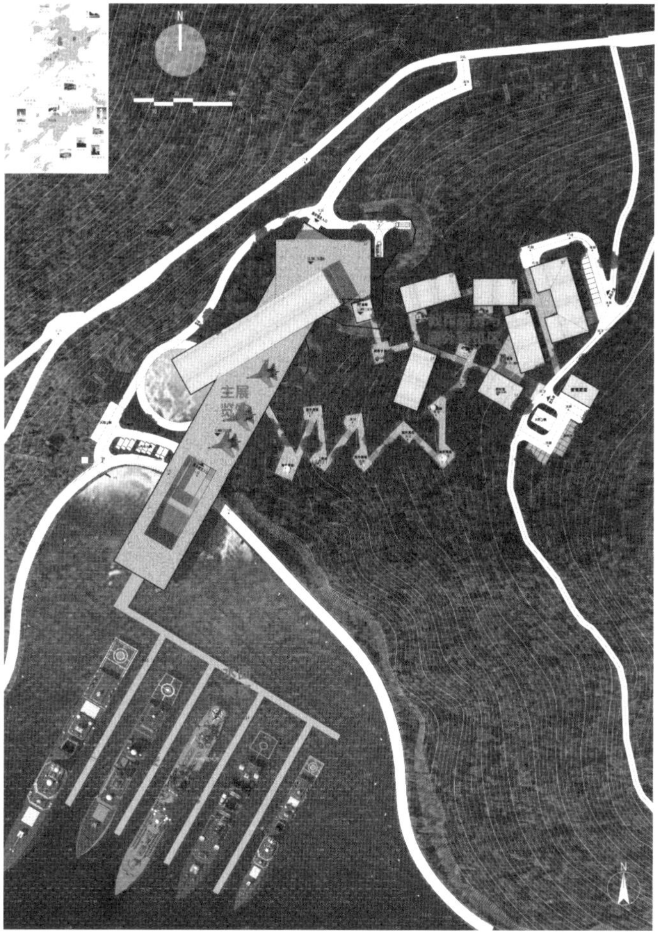

总平面图

平面图

上合工业博览展示交易中心片区

SCO INDUSTRIAL EXPO EXHIBITION AND TRADE CENTER, SHANDONG

项目以青岛市上合示范区、国家级临空经济示范区、RCEP 形成的国际合作新平台为背景。依托空港优势，毗邻高铁站点，结合轨道交通，作为国际枢纽门户，其资源得天独厚。用地选址于胶州临空经济区南部商务区核心位置，与胶东国际机场的空港优势条件形成互动，发挥会展经济对经济和产业的带动作用，集聚山东半岛的产业资源优势，赋能未来城市发展新动力。

总用地面积 420 236.8 平方米。总建筑面积为 400 619 平方米，其中，地上总建筑面积 306 952 平方米，地下总建筑面积 93 667 平方米，包括登录厅、2 个超大展厅、10 个标准展厅、2 个多功能以及中央廊道。主体建筑地上一层（局部设置二层）、地下一层（南侧局部地下二层），建筑高度 24 米（南登录厅局部 42 米）。

设计以“鲲鹏展翅”为设计理念。建筑造型简洁大气、舒展流畅，不仅是形象独特、空间丰富的展览建筑群，也是布局合理、运转流畅的城市空间，更是彰显地域文化、提升城市形象的城市名片。与胶东国际机场遥相呼应，为南部商务片区的腾飞领航。

设 计 者：汤朔宁　林大卫　邱东晴　王明充　孟庆超
工程规模：建筑面积 400 619m^2
设计阶段：方案设计
委托单位：青岛临空宝鲲建设有限公司

鸟瞰图

南登录厅透视图

沿街透视图

2022 第五届中国国际进口博览会·上海馆

2022 THE FIFTH CHINA INTERNATIONAL IMPORT EXPO · SHANGHAI PAVILION, SHANGHAI

上海馆以抽象的上海地图作为展馆的形式母题，形体丰富，结合表皮灯光秀，呼应本届进博会消费主题。以“长江入海口”作为展馆主入口，体现“海纳百川，追求卓越，开明睿智，大气谦和”的上海城市精神。

在展示设计上，内部采用高彩度大色块作为主视觉，展现时尚元素。外表皮采用透空金属折网设计，以一种虚隔断连接内外空间，形成自然的过渡。外表皮不显张扬，隐隐透出的绚烂色彩，恰恰反映了上海的气质。在整个展厅设计上强调可持续设计理念，所有展架采用环保的插接板及 Y 形支架设计，可多次异地复建。凭借大世界“哈哈镜”在上海人心目中的独有地位，设计中特别以“哈哈镜”作为整个展馆的线索，贯穿布置于展区的各处。通过各种形态镜面的设计，反射周边环境，形成有趣的空间体验。

在展区设置上，以黄浦江为界，划分为“百年华章”“时尚引领”两大展区，并结合崇明岛的地理位置，成为紧邻入口的“互动体验区”。

设 计 者：娄永琪　季祥　郭泠　尤优　丁卓媛　孙奕菲

工程规模：建筑面积 406m^2

设计阶段：方案设计

委托单位：上海市商务委员会

展厅正立面

展厅主入口

展品陈列区 1

展品陈列区 2

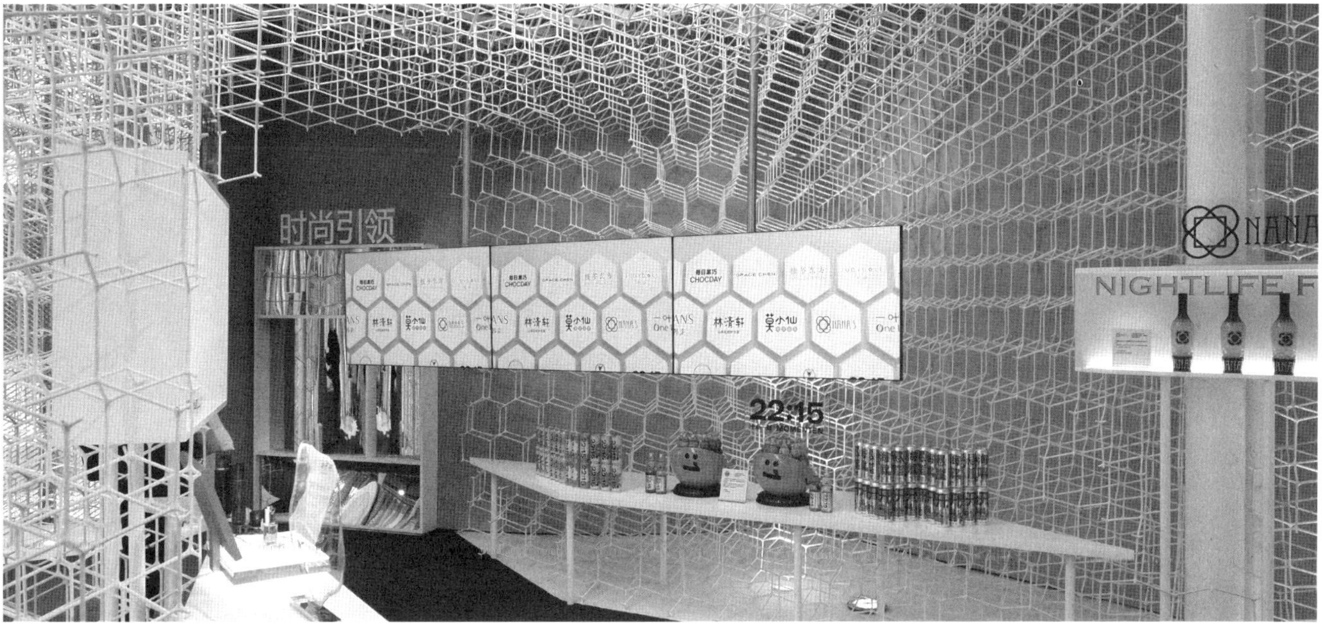

造型展厅区

中国地质大学（北京）雄安校区总体规划方案征集（竞赛）（规划）

SOLICITATION OF A MASTER PLAN FOR XIONG'AN CAMPUS, CHINA UNIVERSITY OF GEOSCIENCES (BEIJING), HEBEI

中国地质大学（北京）雄安校区，位于雄安新区第五组团南北主轴，北临南阳遗址，南望白洋淀，承载着带领中国地学走向国际前沿的重要使命，将建设一所符合雄安建设要求、立足基地特质、体现学科特色、展现地质大学文化内涵的崭新校园。校园规划立足地学文化本源，承袭中国传统“以地为中”“天人合一”的价值理念，形成“南北为轴，东西为斗”的总体格局，南北为轴、中正礼序；东西为斗、自由灵动，共同形成收放有致、张弛有度、丰富变化的校园特色空间。

校园南北向北承南阳遗址文化脉络，南望白洋淀，塑造中正礼序之轴，由南至北依次布局主校门（礼仪之门）、学院及公共教学区（洛书之院）、图书馆 & 行政办公 & 共享中心（方泽之坛）、大学生活动服务综合体（钻石之眼）等校园公共功能，双向联动两侧生活运动功能。校园规划结合低碳技术、绿色交通、绿色建筑等，打造生态校园；以先进技术构建智慧校园；以 BIM、智能化设计手段为支撑，精细化校园投资开发，建设一所“面向未来，弹性生长”的智慧大学。

设 计 者：综合三所　综合一所　综合二所

合作团队：建筑设计三院

工程规模：占地面积 80hm^2　建筑面积 980 000m^2

设计阶段：方案设计

委托单位：中国地质大学（北京）

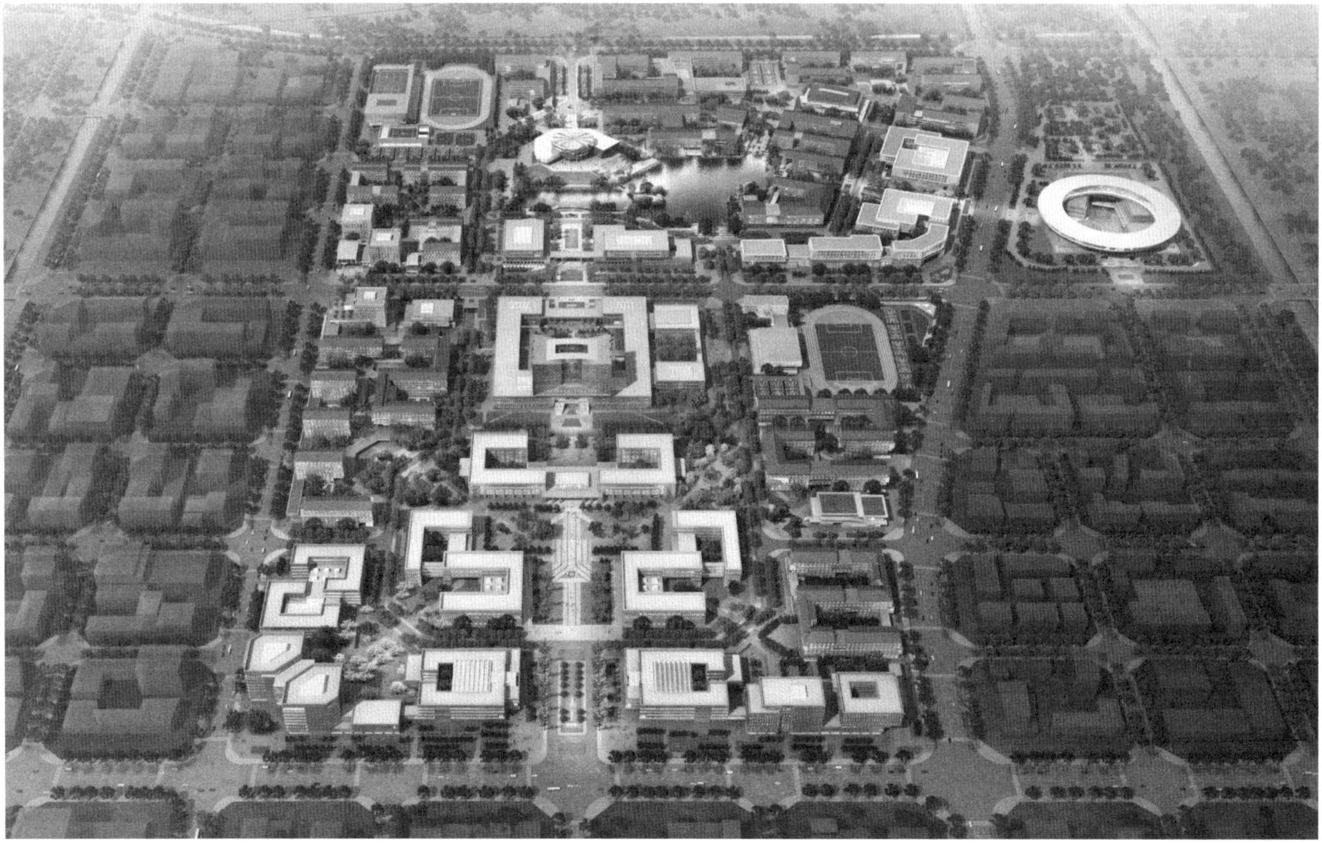

南入口鸟瞰图

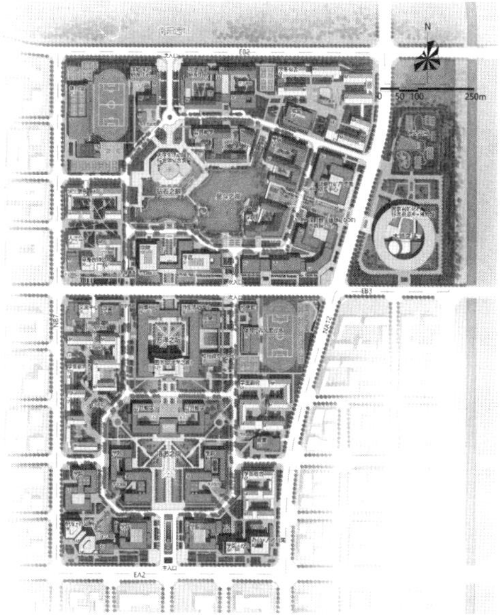

总平面图

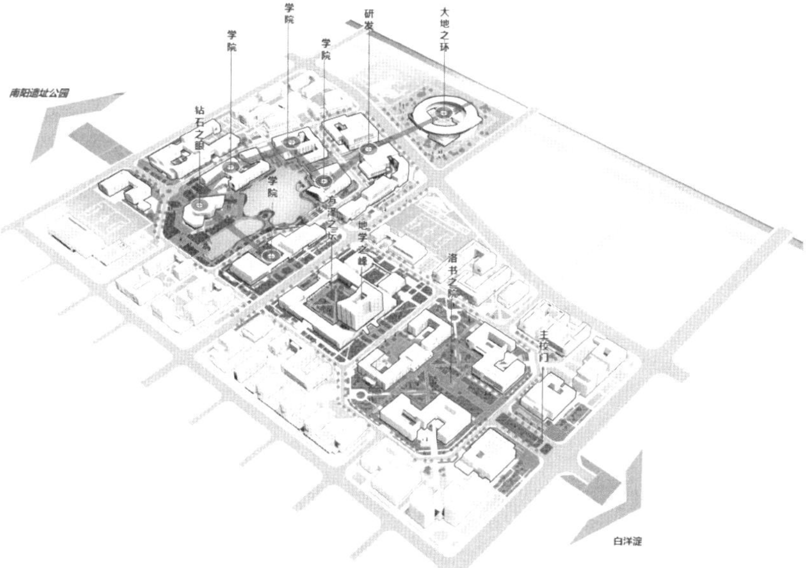

空间格局分析图

西南向整体鸟瞰图

中国地质大学（北京）雄安校区总体规划方案征集（竞赛）· 校城共享组团

SOLICITATION OF A MASTER PLAN FOR XIONG'AN CAMPUS, CHINA UNIVERSITY OF GEOSCIENCES (BEIJING), HEBEI

中国地质大学（北京）雄安校区，位于雄安新区第五组团南北主轴，北临南阳遗址，南望白洋淀。

校城共享组团以落实雄安新区城校融合、塑造街区式校园的要求，针对基地三面临城市界面的特点，在基地北侧、东侧、南侧边界区域布局研发中心、数据中心、人才公寓等功能，促进校园与城市的产创融合。

校城融合，开放共享——南门户区沿校区中轴分为东、西两片，其中东片区由研发、学院、办公和学生公寓组成，西片区由研发、办公、学院组成。两侧建筑群通过空间和体量的对位关系，共同形成开放、共享、有序的校园南侧门户形象。南门户区外南、西两侧地块为城市的科办公用研地，南门户区的沿街建筑对应设置相应功能，方便沿街公共环境的塑造，以及校城融合。

建筑组群、功能叠合——东、西两片建筑相对成组，形成东、西两大功能叠合的群组。

界面有序、空间互动——沿校区主轴线依次布置多个公共建筑，如学院楼、公共教学楼、图书馆等，形成主轴线上的公共建筑序列。各栋建筑及其与周边城市之间形成良好的互动关系。

岩层立面、气韵生动——立面采用岩层肌理，层层叠落，形成生动有序的立面特色。

设 计 者：谢振宇　胡军锋　董天翔　晏正希　张君　张鹤鸣

工程规模：建筑面积 16.8 万 m^2

设计阶段：方案设计

委托单位：中国地质大学（北京）

（春园）透视图

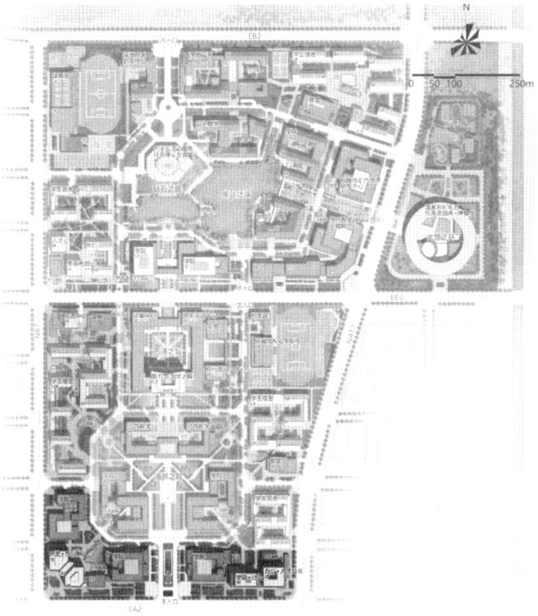

校城共享组团位置图

鸟瞰图

（冬园）透视图

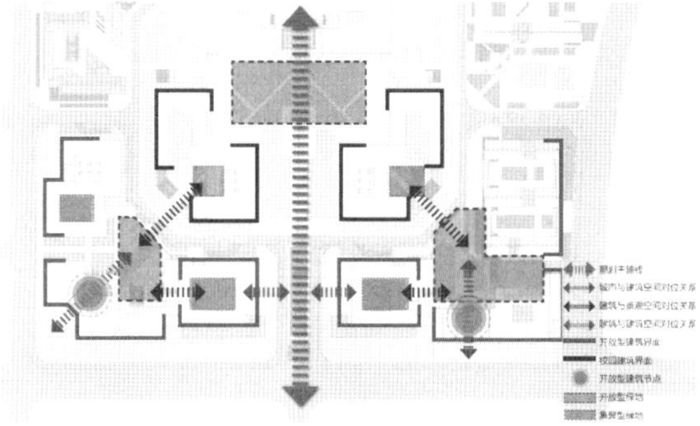

开放空间分析图

透视图 1

透视图 2

中国地质大学（北京）雄安校区总体规划方案征集（竞赛）·中心教学组团

SOLICITATION OF A MASTER PLAN FOR XIONG'AN CAMPUS OF CHINA UNIVERSITY OF GEOSCIENCES (BEIJING) · CENTRAL TEACHING ZONE, HEBEI

项目属于中国地质大学（北京）雄安校区设计竞赛的一部分。包括图书馆、行政办公、共享中心、公共教学楼、两个学院以及部分宿舍区。

设计要点：①洛书之院，知识殿堂。三座教学建筑围合成一纵一横两进书院，把主教学楼作为校园第一层次的形象地标，严整庄重。②南联北聚，东融西拓。坐落于图书馆、住宿区和其他学院的空间核心，公共教学组团不仅是校园第一道形象界面，更肩负联结几大板块的使命，设计力图实现功能的共享、交通的衔接与风格的过渡。③庭院纵横，畅达宜人。作为中轴线上的核心板块，建筑边界轮廓严谨鲜明，体现礼仪法度。更以塑造现代开放大学教学空间为目标。形体虚实变化，建筑架空和下沉广场组合，让景观渗透进建筑，让自然融入学习生活。

公教作为教学组团核心，“地球物理与信息技术学院”和“土地科学技术学院”两座学院基本对称布局，烘托核心教学组团的礼仪感。结合不同功能，形体虚实组合、叠合交错，底部顺应校园景观轴线。宿舍区架空穿通，形成多层次的院落，步行体验丰富。结合下沉庭院，激活地下功能，创造室内外融合、立体联动的学习氛围。

设 计 者：边克举　尹宏德　康琦
工程规模：建筑面积 305 720m^2
设计阶段：方案设计
建设单位：中国地质大学（北京）

整体鸟瞰图

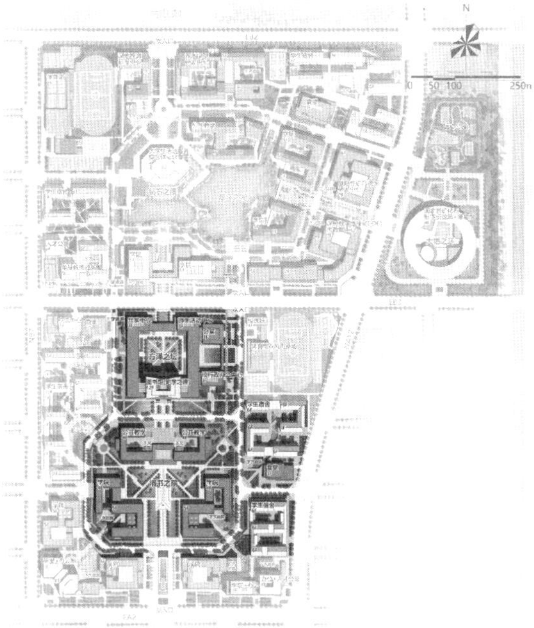

总平面图

学院楼下沉广场透视图

公共教学楼、南图书馆透视图

中国地质大学（北京）雄安校区总体规划方案征集（竞赛）· 教学研发组团

SOLICITATION OF A MASTER PLAN FOR XIONG'AN CAMPUS, CHINA UNIVERSITY OF GEOSCIENCES (BEIJING) · TEACHING AND RESEARCH ZONE, HEBEI

中国地质大学（北京）雄安校区方案立足地学文化本源，承袭中国传统“以地为中”“天人合一”的价值理念，形成“南北为轴，东西为斗”的总体格局，南北为轴、中正礼序；东西为斗、自由灵动，共同形成收放有致、张弛有度、丰富变化的校园特色空间。

秉承校园空间核心设计理念，结合校园使用实际诉求，整体校园北部以斗形结构为空间主脉，通过汇水聚湖，形成丰富景观组合与变化，围绕星斗之湖组织北区公共教学、学院和研发中心等功能，实现景观与建筑功能的有机融合，共同形成学习与游乐相互交融的互动空间。

北区校园重点考虑与城市功能之间的融合与呼应，在校园东侧布局的国家岩矿化石标本资源库，强化城市与校园的互动与交往，建筑主体造型源于自然地貌机理，提取符号与元素，以方为基座，稳重谦和，以圆为联系，包容中彰显气势。塑造“大地之环”的空间形象，形成 EB3（路名）上展现地大先锋形象的标志性建筑。

围绕星斗之湖，滨水书院缓缓展开，通过对景观水系岸线的呼应，借助传统院落的变形，营造出自由灵动的柔性建筑界面，保留建筑私密性的同时，兼具适度的开放性，最大程度地均衡学院的安静和湖面的景观二者的关系。建筑形体与景观空间相互渗透，三个教学组团以院落围合形式布置在湖岸线，布局灵活，相互联动，给予良好的自然景观条件，有利于营造滨水书院的教学氛围。建筑造型结合屋顶的有序起伏，并与远山轮廓交相辉映，营造丰富的空间层次。

设 计 者：江浩波　王立颖　唐进　姚程明　任翔　肖佳　李向阳　王沉　李婷婷　陈艳　李晨
合作团队：建筑设计三院
工程规模：占地面积 80hm^2　建筑面积 980 000m^2
设计阶段：方案设计
委托单位：中国地质大学（北京）

滨水书院组团效果图

效果图

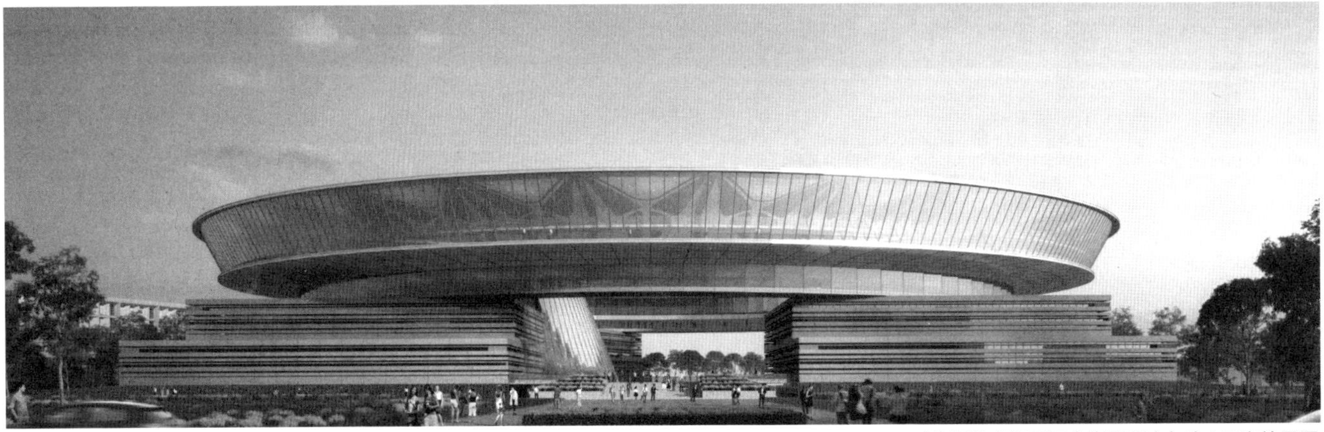

国家岩矿化石标本资源库（大地之环）效果图

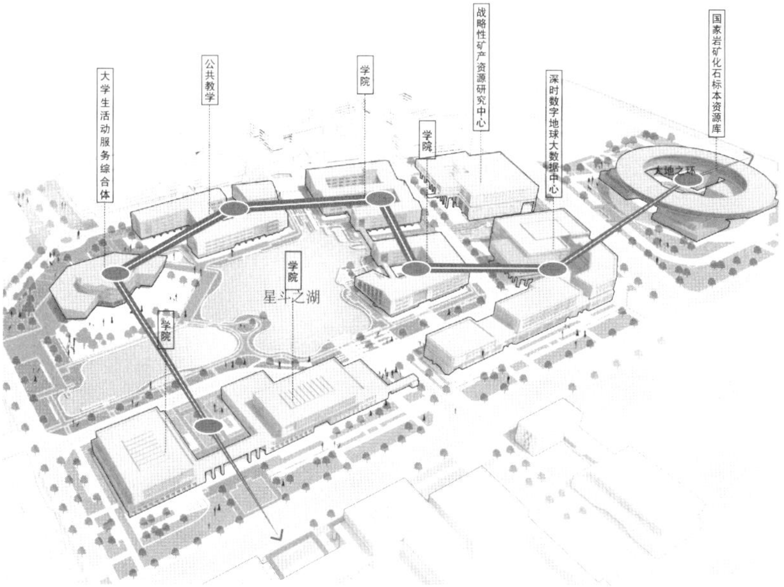

人视效果图

星斗之湖鸟瞰图

中国地质大学（北京）雄安校区，位于雄安新区第五组团南北主轴，北临南阳遗址，南望白洋淀，承载着带领中国地学走向国际前沿的重要使命，将建设一所符合雄安建设要求、立足基地特质、体现学科特色、展现地质大学文化内涵的崭新校园。

交流中心、学生食堂和学生宿舍三个功能块形成围合式空间布局模式，其与一层平台灰空间及下沉生活街等多元有机联系，提供丰富的混合服务功能及运动休闲设施，使整个组团形成了一条充满活力与生活气息的校园生力轴。

充满烟火气和幸福感的校园生活“谷”，在一个宏观的策略框架下，充分利用用地的地势特点，通过下沉空间、地面建筑扭转变化，高低错落，加之微地形的营造，人们漫步其中仿佛置身幽幽“峡谷”、巍巍“山脉”，这也充分契合地质大学的气质特点。

设 计 者：徐甘　叶京杰　朱森

工程规模：占地面积 5.7hm^2　建筑面积 95 000m^2

设计阶段：方案设计

委托单位：中国地质大学（北京）

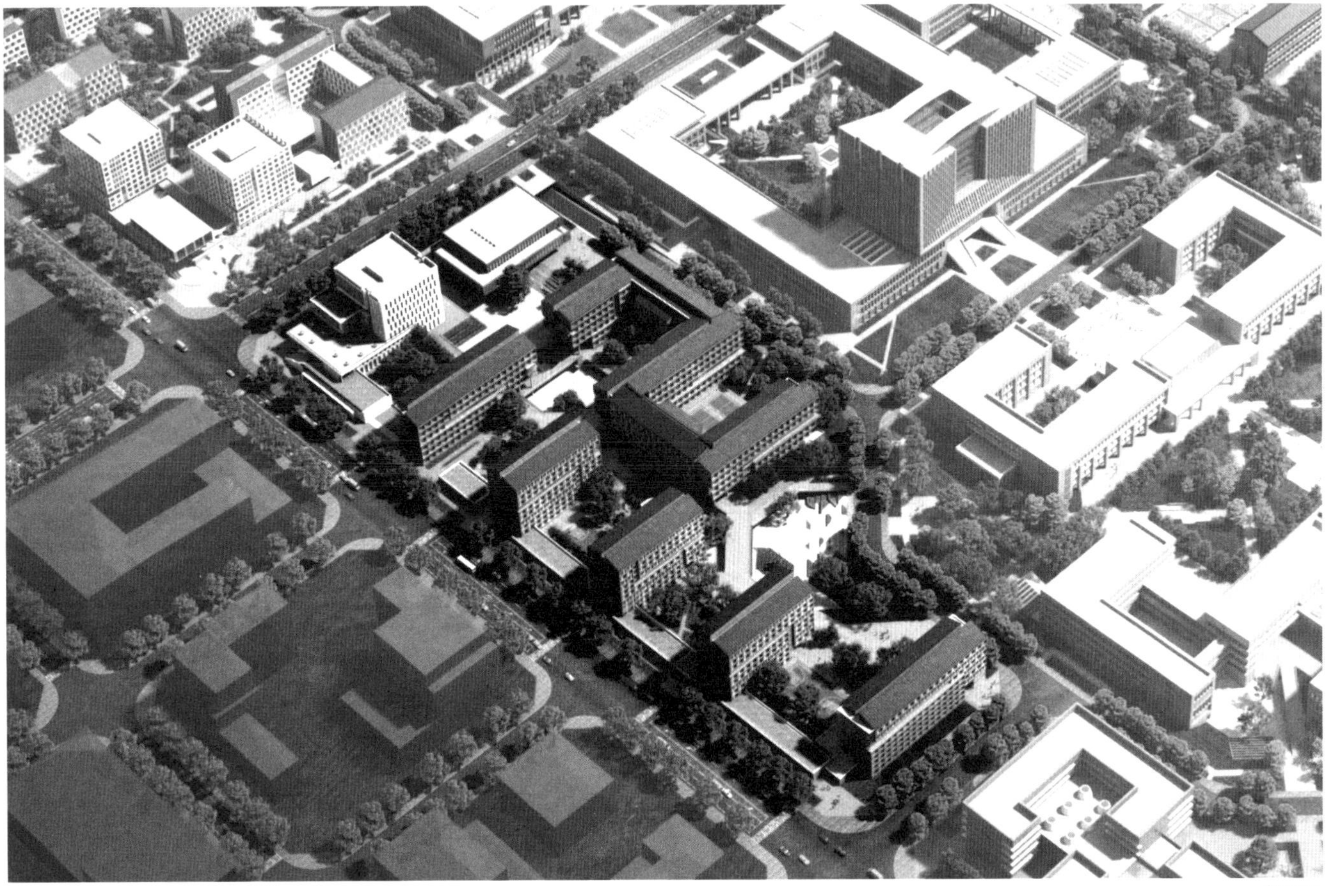

鸟瞰图

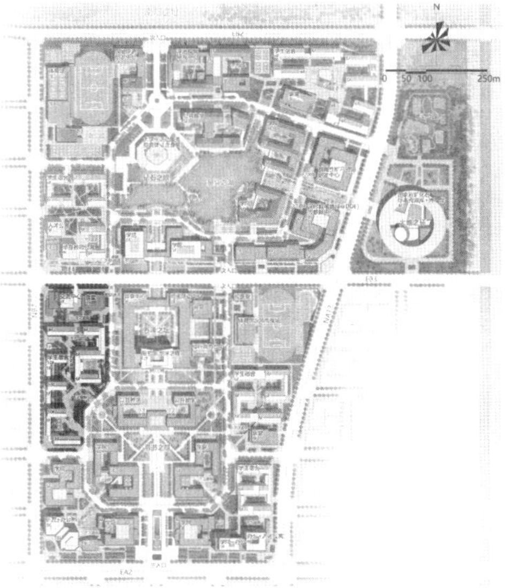

总平面图

EB3 沿街透视

生活共享组团透视 1

生活共享组团透视 2

生活共享组团透视 3

生活共享组团透视 4

宁波东方理工大学（暂名）校园建设项目永久校区

EASTERN INSTITUTE OF TECHNOLOGY(TENTATIVE) PERMANENT CAMPUS CONSTRUCTION PROJECT,ZHEJIANG

宁波东方理工大学（暂名）的校园建筑设计着重突出了“打造百年校园场所精神，重塑百年校园建筑形象，融合有机自然生态景观”的设计理念。

现阶段设计内容为东方理工大学 1 号地块、2 号地块。1 号地块为辅助用房组团，包括创新中心及校园配套的危险品处理中心、垃圾处理中心、动物实验楼等。2 号地块总体功能布局共分为两个功能岛屿，分别为学术岛、东生活岛。其中学术岛位于学校中部，主要包含图书馆、校行政办公用房、交叉研究中心、理学院、工学院、信息学院、商学院、公共科研平台、人文社科中心、文博中心等功能以及车库等配套设施。东生活岛位于前大河以东的学校东部，主要包含 32 套院士楼及 3 套校长楼、食堂及学生活动中心、教师公寓配套用房、学生公寓、教师公寓、综合体育馆以及车库学生街等相应配套设施。

东生活岛立足于营造活泼、生动的校园生活环境，建筑布局结合生态景观为师生打造有序且富有活力的生活场景。建筑造型以简洁、现代、未来为基调，结合不同的组团功能，赋予建筑不同的动感和节奏。建筑立面设计在丰富中求统一，在匹配师生生活不同场景的同时，又能使人体验到统一的氛围。

创新中心围绕产学研一体化的功能配置，以现代、未来的建筑形态，打造学校发展的新高地。

设 计 者：汤朔宁　徐烨　袁路　王为仁　徐寅喆

工程规模：建筑面积 893 193m^2

设计阶段：方案设计、初步设计、施工图设计

委托单位：宁波东方理工大学（暂名）

整体鸟瞰图

学生宿舍内街人视图

创新中心鸟瞰图

体育馆效果图

中国民航大学新校区二期工程 A 地块设计

NEW CAMPUS OF CIVIL AVIATION UNIVERSITY OF CHINA PHASE Ⅱ DISTRICT A, TIANJIN

中国民航大学二期 A 区位于新校区西地块，在现有建成校园环境内，形成顺应校园格局，且不失自身特色的校园环境，是项目最大的难点。项目采用“因地制宜，缝合校园”的设计策略，延续一期校园总体规划格局，完善并形成“一核一区、两轴两节点”的空间结构。

1. 教学实验用房——共享方圆，和而不同

教学实验用房沿校园纵轴对称布置，形体上通过体块的穿插与交叠，与一期图书馆形成良好呼应。朝向下沉广场一侧，设计出挑顶层体量，强调视觉纵深感，引导图书馆成为视觉焦点的同时，也不失自身特色。建筑通过层层跌落的手法，消解建筑边界，使建筑与下沉广场形成活跃的空间氛围。功能上追求通用性，易于灵活分割。除各类教室、活动室以外，建筑内部设置了供师生使用的共享和讨论空间，塑造一个容纳学习、展示、社交功能的教学综合体。

2. 文化艺术中心——自然而然，艺术之翼

文化艺术中心位于湖面北侧的绿地之上，为了最大程度地保留校园绿地，设计将建筑抬高，置于绿坡地景之上，将绿化公共空间开放给师生。交叠穿插的体量形成了不同标高的垂直绿化平台，共同造就了漂浮园林、叠加自然的意境，与湖景共生，与自然共融。

3. 体育场看台——立体纽带，活力交织

体育场看台是一个融合了健身、散步、社交与观赏等复合功能的校园建筑，在长条状的场地内采用折线型的设计语言打破单调的布局，景观绿地和立体漫游路径的设计使得看台两侧的篮球场和田径场实现了良好的空间渗透，形成了一个富有生活气息的活力纽带。罩棚部分采用钢木混合结构，结构逻辑清晰合理，展现了独特的人文气息和力量之美。

设 计 者：汤朔宁　徐烨　史泽道　陈琪　崔思宇

工程规模：建筑面积 63 100m^2

设计阶段：方案设计、初步设计、施工图设计

委托单位：中国民航大学

整体鸟瞰图

文科组团鸟瞰图

文化艺术中心半鸟瞰图

体育场看台人视图

文科组团中轴线人视图

中国民航大学新校区二期工程 C 地块设计

NEW CAMPUS OF CIVIL AVIATION UNIVERSITY OF CHINA PHASE Ⅱ DISTRICT C, TIANJIN

设计以“星云·智丘”为理念探索大学校园建筑的新模式。智丘——生活、教学与运动空间在场地中蔓延，形成无边界的智慧之丘综合体（Edu-Mall）；星云——各组空间相互汇聚隆起，形成若干高点，似星辰般游离于智慧之丘上。

规划创新：校园文脉气韵相连，无界连接延承一期校园规划特征，但又自成体系、突破创新，构建花园中的建筑，打造无界共享、无限多义的教学空间。给予课堂的外化与延伸的可能，在场所中实践感知自然与文化。场所创新：居学空间融会贯通，无限渗透在均质校园中，通过地面层“繁星之境”、屋面层“流云之丘”设计形成多标高、多层级的差异化景观空间。中央水景各组团端部变异以回应场地，屋面变化以回应布局。建筑与景观一体化设计，校园形态与功能空间相结合，连接空间上下翻飞，居学空间渗透互融。空间创新：学习模式迭代突破，无边拓展用日常性打破学科间的壁垒，用共享云廊串联起生活与学习，正式与非正式教学空间关系疏密有致、分合有序，既有整体延绵的建筑整体，也有相对独立的分散簇群。在造价限额下，运用组团化色彩策略，采取国风四色“枫木、水绿、墨灰、竹青”，打造简约而具有特征性的内部空间。

通过整体式的设计策略与既有文脉气韵相连，对传统模式创新突破，将居学空间智慧互联，形成一个活力共享、互动开放、高效复合的簇群式、巨构化教学综合体。

设 计 者：章明　张姿　陈波　姚冠杰　牟筱童　张晓雅　赵爽　龙颖　冯玉青　史珂珂　费丽菊　黄晓倩

工程规模：建筑面积 280 000m^2

设计阶段：方案设计、初步设计、施工图设计

委托单位：中国民航大学

中国民航大学新校区二期工程 C 地块鸟瞰图

中国民航大学新校区二期工程 C 地块中央水景鸟瞰图

中国民航大学新校区二期工程 C 地块校园鸟瞰图

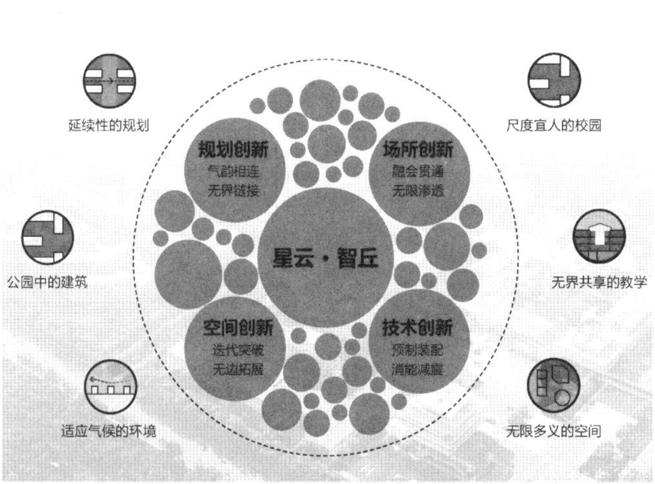

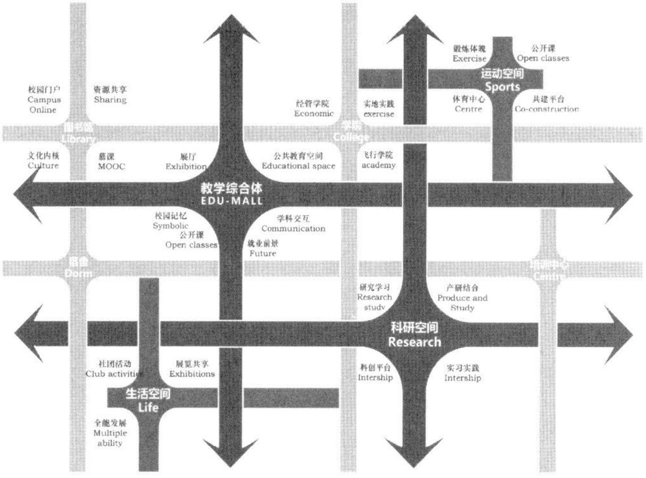

中国民航大学新校区二期工程 C 地块概念分析

中国民用航空飞行学院天府校区公共教学及实验楼（西楼）

PUBLIC TEACHING & LABORATORY BUILDING OF TIANFU CAMPUS OF CIVIL AVIATION FLIGHT UNIVERSITY OF CHINA, SICHUAN

项目选址于成都天府国际空港新城绛溪南片区，公共教学及实验楼（西楼）是各个学科交往交流的平台，承载校园最核心的基础功能，设计提取中国传统文化元素孔明锁作为设计概念，每层设置交往空间各层相连，形成富有活力的连贯剖面空间，不同层体块之间形成的抽空空间形成了多层次的丰富的交往空间。建筑群体主要包括公共及专业教室、基础学科组团，围绕中心庭院布置行政办公、教学办公、会议室等功能。结合教学功能进行多层次的空间安排，高低错落的体块形成多元的共享空间，为公共教学与基础学科组团的教学和交流创造可能。

公共教学及实验楼（西楼）共分为A、B、C三个区域，A区主要为公共实验室和专业实验室，平面布置采用内外双走廊设计，避免实验区域内外流线交叉，保证安全性。B区主要为公共教室和专业教室，平面布置采用大教室+边走廊，或小教室+中走廊+采光中庭的设计，保证教室双向采光。C区主要为公共教室和行政用房，公共教室部分的功能及平面布置与B区一致，行政用房部分设置通高的采光中庭，顶层局部设置空中庭院。A、B、C区靠近学术大道一侧底层局部架空，师生可直接进入内院，并通过交通空间直达各处。

设 计 者：涂慧君　刘昕昱　高磊　顾炜　王婷婷　章芳　孙家南
工程规模：建筑面积31 555m^2
设计阶段：方案设计、初步设计、施工图设计
委托单位：中国民用航空飞行学院

透视效果图

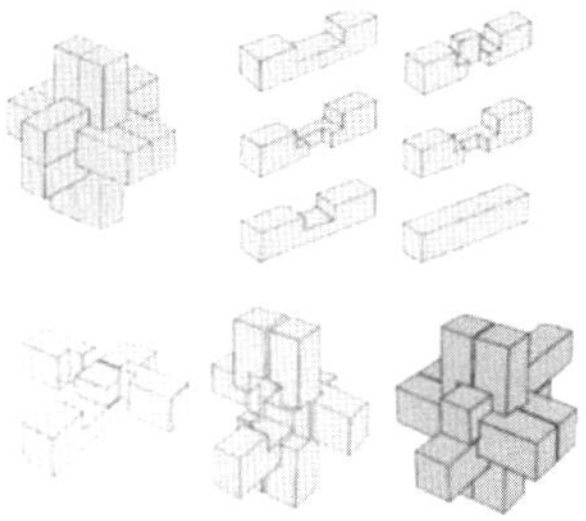

孔明锁

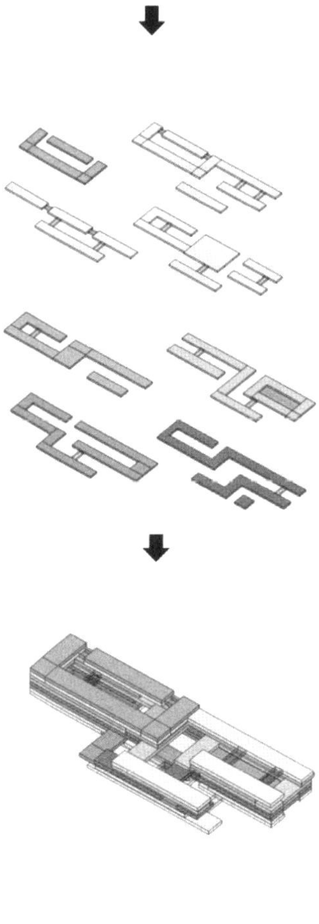

设计概念

海南陵水黎安国际教育创新试验区公共教学楼（一期）

PUBLIC TEACHING BUILDING (PHASE Ⅰ) OF HAINAN LI'AN INTERNATIONAL EDUCATION INNOVATION PILOT ZONE, HAINAN

项目位于海南陵水黎安国际教育创新试验区教学共享带内，总占地面积 22 563.06m²，绿化覆盖率 25%。

中国智慧，国际视野。公共教学楼的设计概念基于中国古代民族传统的土木建筑固定适配器——孔明锁，看似简单却凝结着不平凡的智慧。吸取榫卯构件原型进行类型重构，似孔明锁的咬合，该建筑五个条形体量在三维空间中流动拓展，在交接处开放出不同垂直方向上的公共平台，以类型体块为母体发展延伸，是中国传统建筑智慧的当代转译。

场所精神，共享校园。公共教学楼关注课外交流、素质教育的场所精神营造，亦是面向国际教育发展的大趋势所在。不同层体块通过错动与抽空咬合形成多层次丰富的共享交往交流空间，为师生提供了多处良好的休息娱乐、学习讨论的室外共享空间，满足师生教学活动需求，展现共享校园文化。

地域设计，本地记忆。公共教学楼的每层平面均有变化，是公共教学楼的创新之举，大面积的多媒体阶梯教室位于一层，一层平面的独立设置大尺度柱网，不但解决了人流问题，同时也保证了结构安全。设计中的横向长窗、连廊、退台、架空、挑檐等形式满足了功能排布、室外互动、遮阳等需求，既节能环保又适应地域气候。建筑形成根植本地文化的记忆，整体色彩和质感既有本土地域特色又呈现当代化的国际趋势。

设 计 者：涂慧君　吕子璇　王琨　陈飞　殷维忠　沈葵　徐钟骏　胡军　顾玉辉　罗颜

工程规模：建筑面积 21 411m²

设计阶段：方案设计、初步设计、施工图设计

委托单位：海南陵水黎安国际教育创新试验区开发建设有限公司

透视效果图

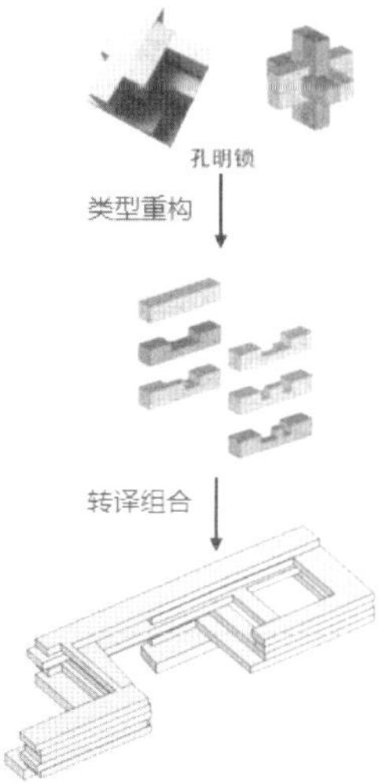

设计概念生成

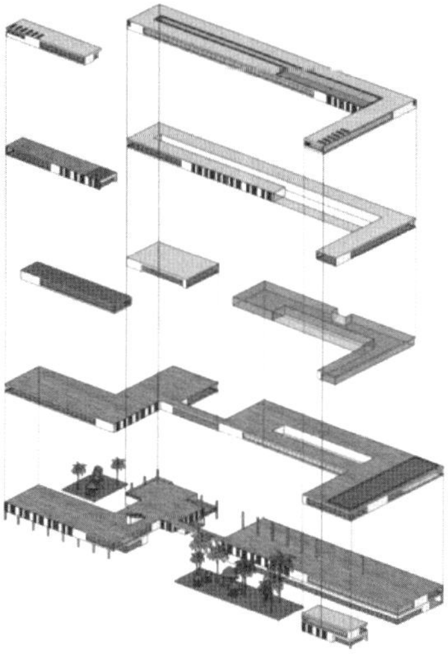

平面构成示意

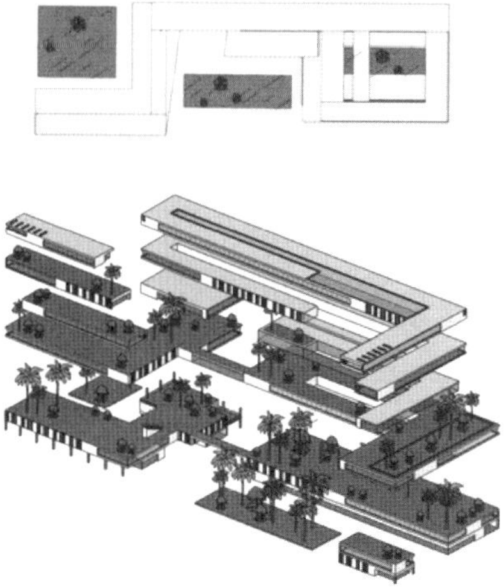

体块构成示意

北京邮电大学海南国际学院

HAINAN INTERNATIONAL COLLEGE OF BUPT , HAINAN

北京邮电大学与英国玛丽女王大学合作办学，在海南陵水黎安教育创新试验区开办国际学院，在“大共享，小学院”理念下，引入优势专业，设置教学与交流空间。学院一期由两栋单体建筑组成，并布置于面湖一侧，同时预留远期发展空间。

为体现北邮的校园文化，建筑设计引入了摩斯码的理念，将“滴”“嗒”一短一长两种信号作为长短的建筑空间形态基本单元，组合形成面湖的 3/4 院与面向场地内部的 L 形院落建筑，内外呼应，互为对答。该形态关系，对应了相对严谨的功能布局逻辑：院落含一、二层建筑空间，布置有大空间需求的共享功能，如报告厅、放映室、数字影棚等，并且因不同使用高空需求，形成退台式的屋面庭院景观。“滴”代表的长形体量设置主要的教学、实验、办公功能；“嗒”代表的短形体量则为主要竖向交通与附属功能空间。建筑空间设计包含了局部底层架空与屋顶廊架等，提供遮阴交流场所以适应当地炎热气候。立面设计采取了将两种体量材质色彩彻底区别的方式，增加丰富性与可识别性，并使用了北邮主校区的色彩，同时将摩斯码的校名融入水平遮阳构件的排布上。

项目将学校文化与地域文化进行了充分的融合，同时体现了国际办学的时代性与创新性，成为整个园区的特色建筑组团。

设 计 者：李振宇　邓丰　董正蒙　丰雷　刘琪　顾浩存　赵广颖
工程规模：建筑面积 26 955m^2
设计阶段：方案设计、初步设计、施工图设计
委托单位：海南陵水黎安国际教育创新试验区开发建设有限公司

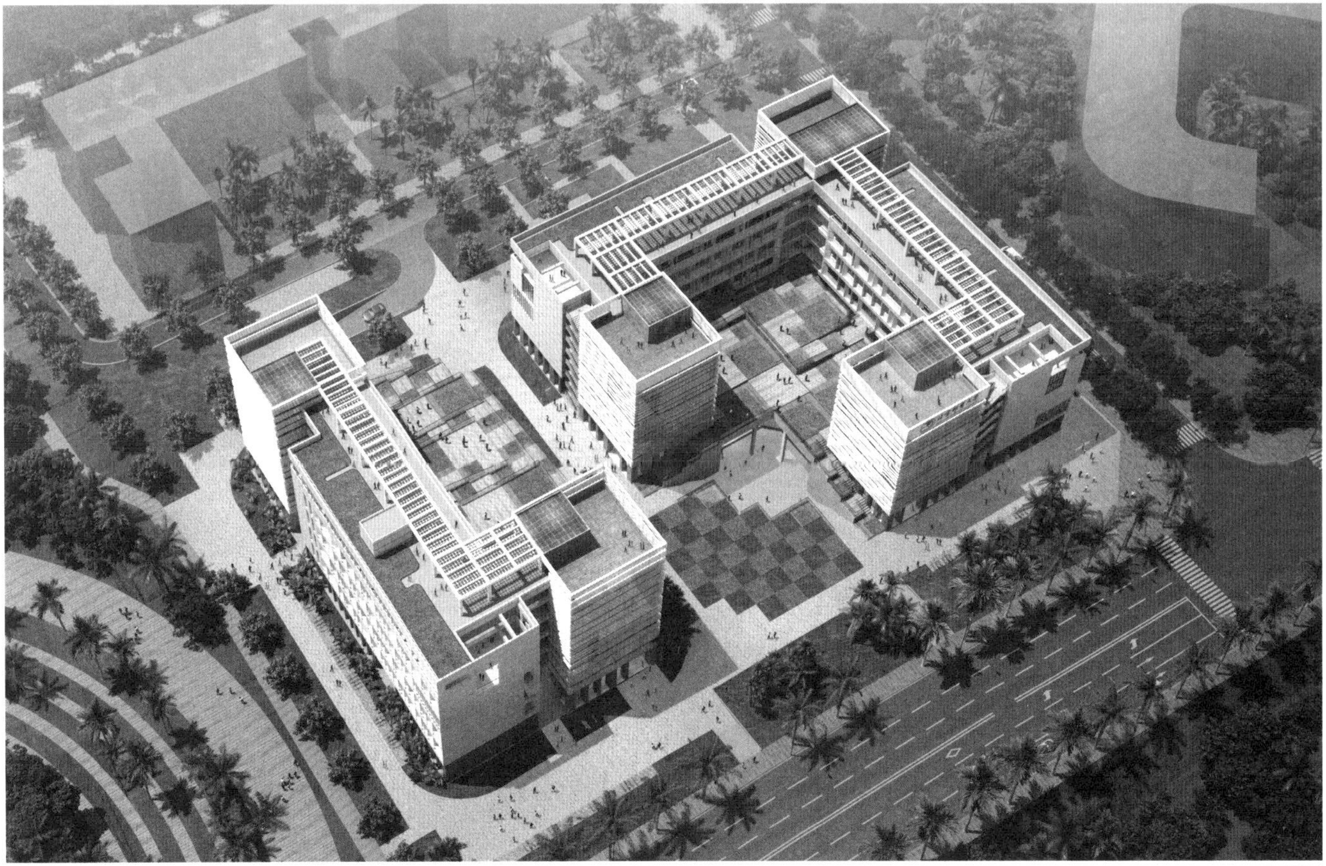

鸟瞰图

学院楼二透视图

设计理念分析图

学院楼一透视图

电子科技大学海南国际学院

HAINAN INTERNATIONAL COLLEGE OF UESTC, HAINAN

电子科技大学海南国际学院位于海南陵水黎安教育创新试验区，在“大共享，小学院”理念下，承载电子科技大学与英国格拉斯哥大学合作办学的专业教学与实验功能。学院一期由两栋单体建筑组成，在毗邻新村港潟湖的优势位置下，设计面向湖景的 3/4 开口院与 L 形院落的形式，与环境互为对答，观景景观。

建筑设计以电子元素与电路板网络为灵感，以万物互联的设计概念，在建筑中强调人与人、人与空间的连接，体现了学校的专业特色与时代和国际合作背景下的办学理念。在保留院落围合感的同时，在建筑形式上对体量进行了切割，创造更多相互联系的空间缝隙与良好的通风环境；同时，在缝隙中创造自由穿行的廊道连接建筑各层，形成整体的网络系统。

建筑立面设计运用了内外叠加的两层系统：外部延续电子轨迹的整体意向，采用灰白色水平与斜向 UHPC 幕墙，结合悬挑的外廊，形成横向遮阳体系；内层结合电子科大校园银杏文化与格拉斯哥大学标志性哥特复兴风格建筑，抽象提取为木色的竖向韵律元素与遮阳系统。

通过对学校专业特色的强调、流动性共享空间的塑造、地域气候的积极回应，该设计为试验区增添创新与活力、为大学教育建筑创造新的类型作出了贡献。

设 计 者：李振宇　董正蒙　丰雷　田秀峰　顾浩存　肖北

工程规模：建筑面积 26 900m^2

设计阶段：方案设计、扩初设计、施工图设计

委托单位：海南陵水黎安国际教育创新试验区开发建设有限公司

鸟瞰图

学院楼二透视图

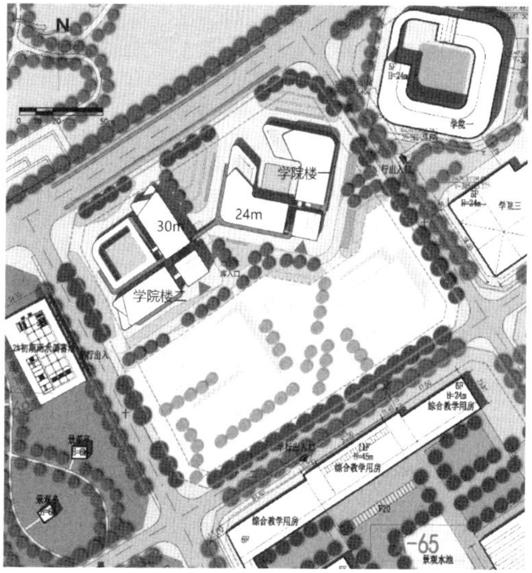

总平面图

透视图

华北水利水电大学土木学院楼

CIVIL ENGINEERING COLLEGE OF NORTH CHINA UNIVERSITY OF WATER RESOURCES AND ELECTRIC POWER, HENAN

华北水利水电大学龙子湖校区土木与交通学院教学科研综合楼（挺宇楼），是一所集教学、科研于一体的学院教学科研综合楼。项目位于河南省郑州市郑东新区华北水利水电大学龙子湖校区西南角。项目用地面积约为 21250 平方米。

为了与场地地形协调，充分利用现有的校园三角用地，建筑形成了以“L”形为基本原型的组合方式。

有效地利用场地周边已有的景观资源，结合平面功能布局，尽量争取景观视野的最大化。设定几个不同的视线角度，无论是从校园主环路，还是从校园支路，或是现有建筑的屋顶，保证各个角度建筑的观赏性，并规划设计出具有标志性外观的建筑方案。

结合地形特点，总体布局中设置了多类型的庭院，有相对围合的内部庭院，也有面向杨树林景观的半围合庭院，同时还有沿建筑周边设置的景观绿化，形成不同层次的景观效果。创造出人与建筑、环境融为一体的，自然和谐而丰富多样的教学环境，形成承载教育教学的有机空间。

设 计 者：钱锋　龙羽　蒯新珏　戴波　汪文正
工程规模：建筑面积 23 252m^2
设计阶段：方案设计、初步设计
委托单位：华北水利水电大学

整体鸟瞰图

整体鸟瞰图

平台人视图

整体鸟瞰图

局部人视图

惠安一中分校校区规划设计

BRANCH OF HUI'AN NO.1 MIDDLE SCHOOL, HUI'AN, FUJIAN

基地位于福建省惠安县世纪大道南拓段与后厝路交叉口以西。

分校的设计如同一棵榕树，主干是惠安一中的记忆核心——消逝的东风楼，它以立面的形式得到还原；向外生长的枝干则吸取了惠安斗笠的编织纹理，表现在延伸于校园各处的花架、风雨走道等，六边形花架不规律的支柱也酷似榕树的根须。借助于这棵榕树，规划三大分区——教学、生活与运动区，三区连为整体。

校园的核心是一块以东风楼为背景的宽阔草坪，它将报告厅、图书馆等各个建筑连接成了一个有机整体，历史的沉淀与新思想在这里交汇碰撞。教学楼的设计充分考虑了当地红砖红瓦的地方文化特色，通过巧妙运用遮阳花格、错落有致的立柱，使立面呈现出抽象的榕树意象。此外，其他公共建筑也融入了自然主题，如树冠、草坡等元素。设计园区内还保留了一部分原有的水系，宛如一道银色的亮线，在榕树的映衬下更显妩媚多姿。整体设计将优雅和现代、地域特色与原创精神相融合，塑造了这座教育殿堂的独特魅力。

设 计 者：黄一如　王挺　王婷婷　王文涵　纵凯
工程规模：建筑面积 201 556m^2
设计阶段：修建性详细规划、方案设计
委托单位：福建协信工程管理有限公司

鸟瞰图

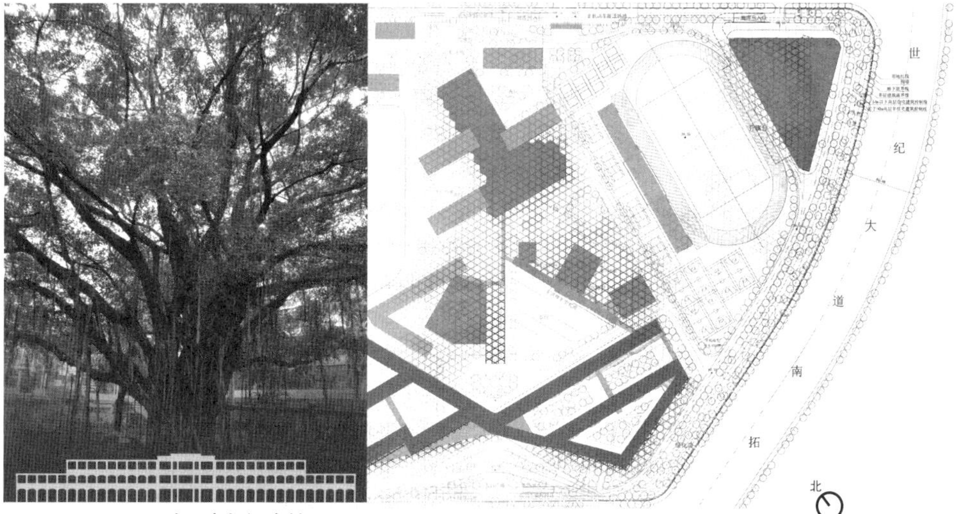

设计理念与概念性总平面

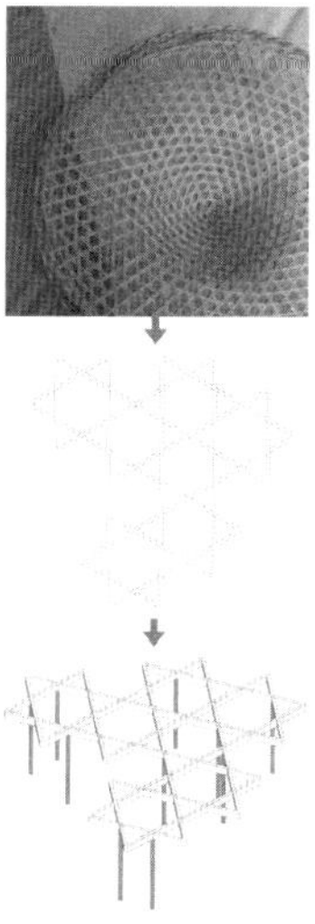

分析图

河北省宁晋县第二中学改扩建工程

NINGJIN NO.2 MIDDLE HIGH SCHOOL, HEBEI

针对宁晋二中校园用地紧张、建筑布局较为零乱的情况，规划设计采用“校园综合体”的设计概念，化零为整地将部分功能进行整合，增强建筑功能性的同时，减少建筑单体的数量，释放校园的公共活动空间。同时将不同高度的屋顶平台精细设计，为学生和老师的课余交流活动创造了立体花园空间，使整个校园充满现代教育强调的“文化、活力、多元” 的特征。具体采用三个设计策略：①化零为整，组团合理。将教学楼、实验楼、行政办公楼整合为一栋综合教学楼，与现状 2# 教学楼形成教学和行政组团。艺体馆位于运动场正东侧，形成良性互动。3#、4# 宿舍楼与原有教师公寓组团布置到东北角。1#、2# 宿舍楼与学生食堂组团位于西北角。②校园公共活动空间最大化。 化零为整，尽量减少单体建筑的数量，释放出更多的室外空间，营造丰富的各种广场、绿化和园林空间，结合建筑不同高度上的屋顶平台，为学生提供丰富多彩的室外活动场所，激发学生的创造力。③塑造标志性校园建筑形象。 将综合教学楼，位于校园最南面，塑造成校园的标志性形象，成为迎宾入口广场的主背景。艺体馆、食堂等公共建筑，设计出多样化的造型语言，使校园充满美感、充满活力。

设 计 者：吴庐生　张健　黄丹　陈武林　沈复宁　朱兴宇　葛成斌　王笑峰　万斌

工程规模：建筑面积 52 000m^2

设计阶段：方案设计

委托单位：宁晋县教育局

校园整体鸟瞰图

沿城市干道透视图

校园主入口及迎宾广场透视图

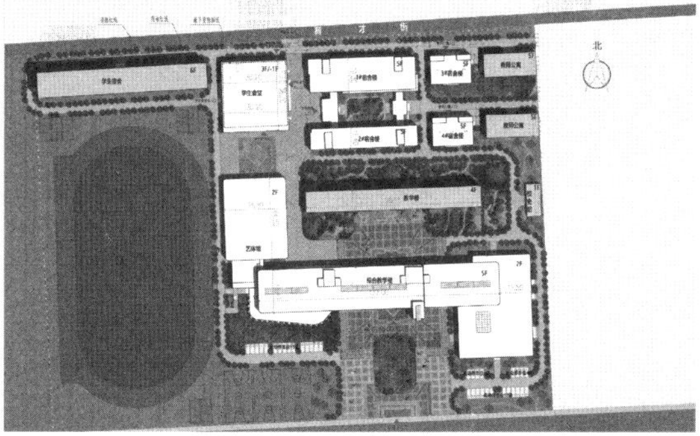

总平面图

新旧教学楼庭院透视图

景德镇第二职业学校建设项目

JINGDEZHEN SECOND VOCATIONAL SCHOOL CONSTRUCTION PROJECT,JIANGXI

项目位于景德镇市唐英大道北侧、西河西侧地块。 整体校园风格与色彩从所处地块周边建筑风格的实际特色出发，采用现代主义立面，既体现景德镇的地方风貌，又符合理工类职业学校理性高效的特色。在建造上采取经典的构造和成熟的工艺，提高耐久性和建造效率。

礼序佳构，生态校园：礼教兴邦，理性格局，校园各个区域沿两大轴线对称布置，景观绿地与铺装广场虚实交融，严谨中带着生机。寓意“绿色校园，学习生活蒸蒸日上”。校园以礼仪性的书院主空间为主轴，再融入错落有致的生活轴，空间层层叠合、开合有度，传达中教尚技的精神内涵。

社会共享，资源互补：结合基地周边厂区聚集的优势，校企结合，互助共融，企业提供空间和设备，学校提供技术和师生资源，与企业联合设置更有实践学习价值的共享实训场所。校园以教学建筑为主，在有限的预算和建筑空间内，大幅度提高师生教学和生活品质。

简洁开放，现代校园：塑造校园简洁现代、明快大气的整体形象。核心建筑综合楼坐落于校园中心，集行政办公、教研、图书阅览于一身，以水平叠置的横向线条构成“书院叠合，宛若磐石”的意向，“水流激荡，振石有声”，为全校最具有标志性和人气的标识节点。

设 计 者：边克举　尹宏德　李俊钞　曹凯宁

工程规模：占地面积 6.68hm^2　建筑面积 45 000m^2

设计阶段：方案设计、施工图设计

建设单位：景德镇市昌南教育文化产业发展有限责任公司

整体鸟瞰图

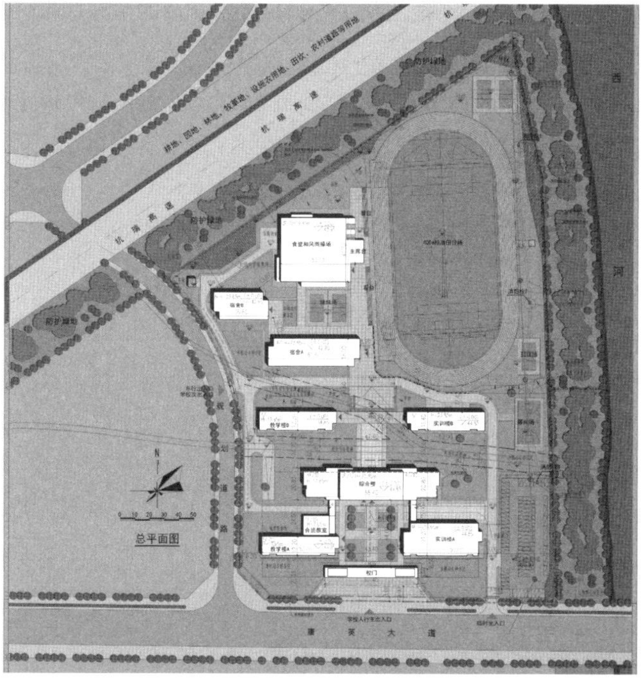

总平面图

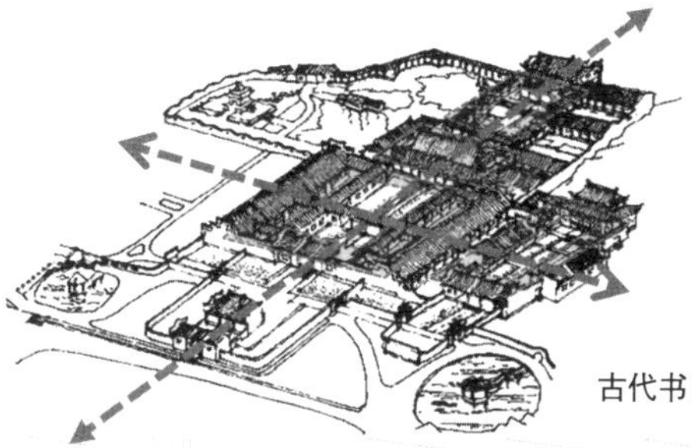

古代书院鸟瞰图

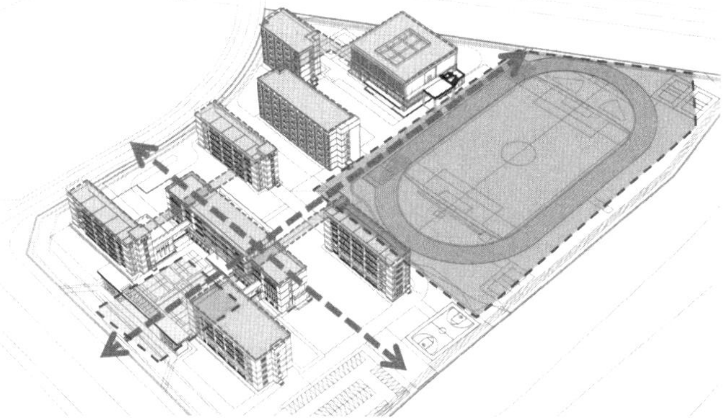

空间结构分析图

校园主入口人视图

龙城街道清林小学改扩建工程

QINGLIN PRIMARY SCHOOL RECONSTRUCTION AND EXPANSION PROJECT, GUANGDONG

清林小学位于城市道路转角，拥有良好的外部交通条件，设计将塑造整体统一又错落有致的体量感，与城市周边建筑相协调，使建筑与环境绿化融为一体。设计综合考虑教学用房布局，高效合理利用土地，形成独具特色的城市密集区教学建筑形象。考虑扩建工程建设期间教学功能的延续，设计将为日常教学的未来发展留有可变性，保证开放空间通透性，功能分区独立性，营造宁静、高效、自然的学习氛围。

1. “均质去中心化的校园谋局”：采用不同高度的院落空间组合，而非中心对称的组群布局诠释整体丰富清晰的校园形象。
2. “感受四季变化的教学场所”：将不同形式的教学空间、公共空间、休憩交流空间充分融合，形成融通渗透的教学综合体。
3. “体味游目观想的文化丘陵”：建筑内部与外部公共空间形成的立体交通网络，方便快捷连通的同时强化交往空间的活跃度。
4. “街道日常转角的开放课堂”：回应城市转角地理位置，校园形象融入城市背景，课堂生活引入街道体验。
5. “自然编织渗透的互动空间”：内部、层间、屋顶景观渗透交融，景观建筑一体化设计目标，完善区域大环境同时提升校园空间品质。

设 计 者：章明　张姿　肖镭　陆星辰　朱彦波　陶情情
工程规模：建筑面积 45 053m^2
设计阶段：方案投标
委托单位：深圳市龙岗区建筑工务署

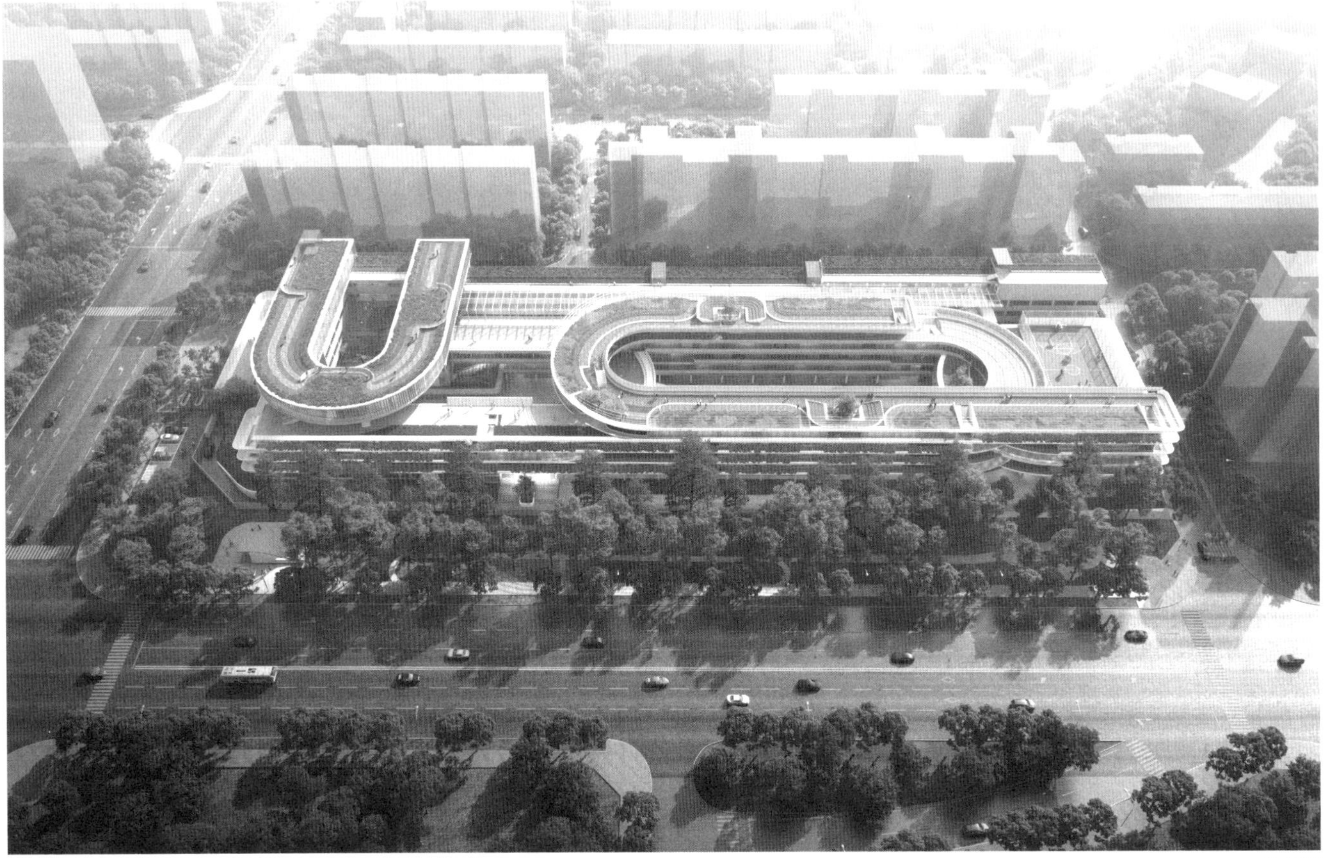

鸟瞰图

街角人视效果图

内院人视效果图

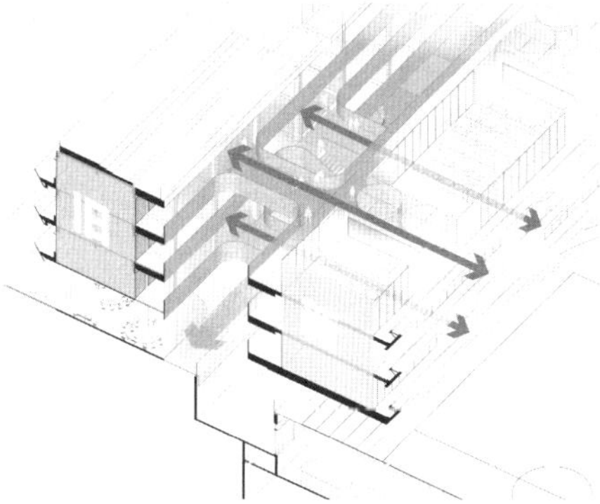

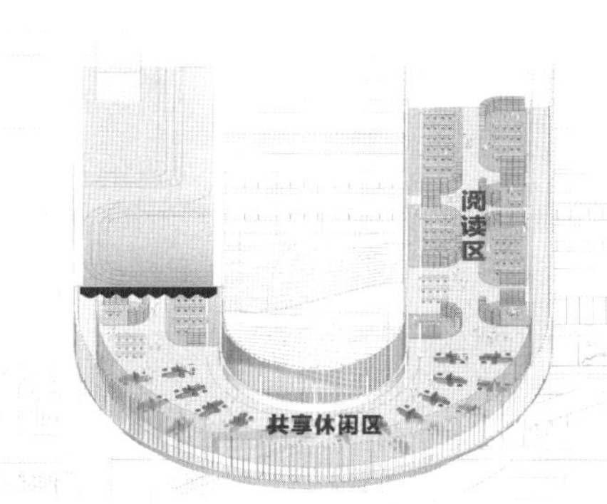

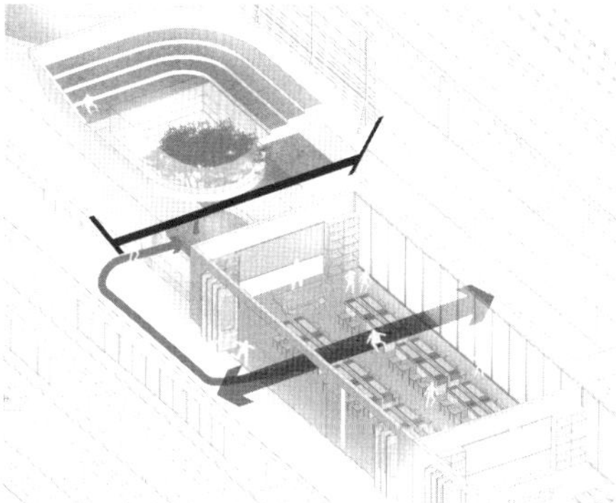

郯城县第一实验小学扩建工程

TANCHENG NO.1 PRIMARY SCHOOL, SHANDONG

项目在原校园一期基础上进行扩建，扩建内容包括：普通教室60间，实验及艺术教室16间，教师办公室48间，多功能教室2间，学生阅览室2间。

新扩建的基地位于现有校区南部，邻近城市干道。设计方案一方面注重新建筑与现有建筑风格的衔接，在形式与色彩上与原有教学楼建筑达到和谐相融，在立面设计上进行突破与创新，彰显新校园活力；另一方面，打造校园南北向主轴线，梳理校园的空间结构，塑造南面沿城市道路的标志性入口广场和城市文化风貌，通过虚实结合的构图手法，使建筑立面丰富多彩，以新建教学楼统领并协调已有建筑风貌。教学楼建筑体块互相穿插，塑造出丰富、极具立体感的建筑立面，增强视觉冲击感，营造积极校园氛围，同时提升校园场所积极性，体现校园的空间属性。

设 计 者：吴庐生　张健　黄丹　王笑峰　陈武林　沈复宁　朱兴宇　葛成斌　万斌
工程规模：建筑面积 33 000m^2
设计阶段：方案设计、施工图设计
委托单位：郯城县第一实验小学

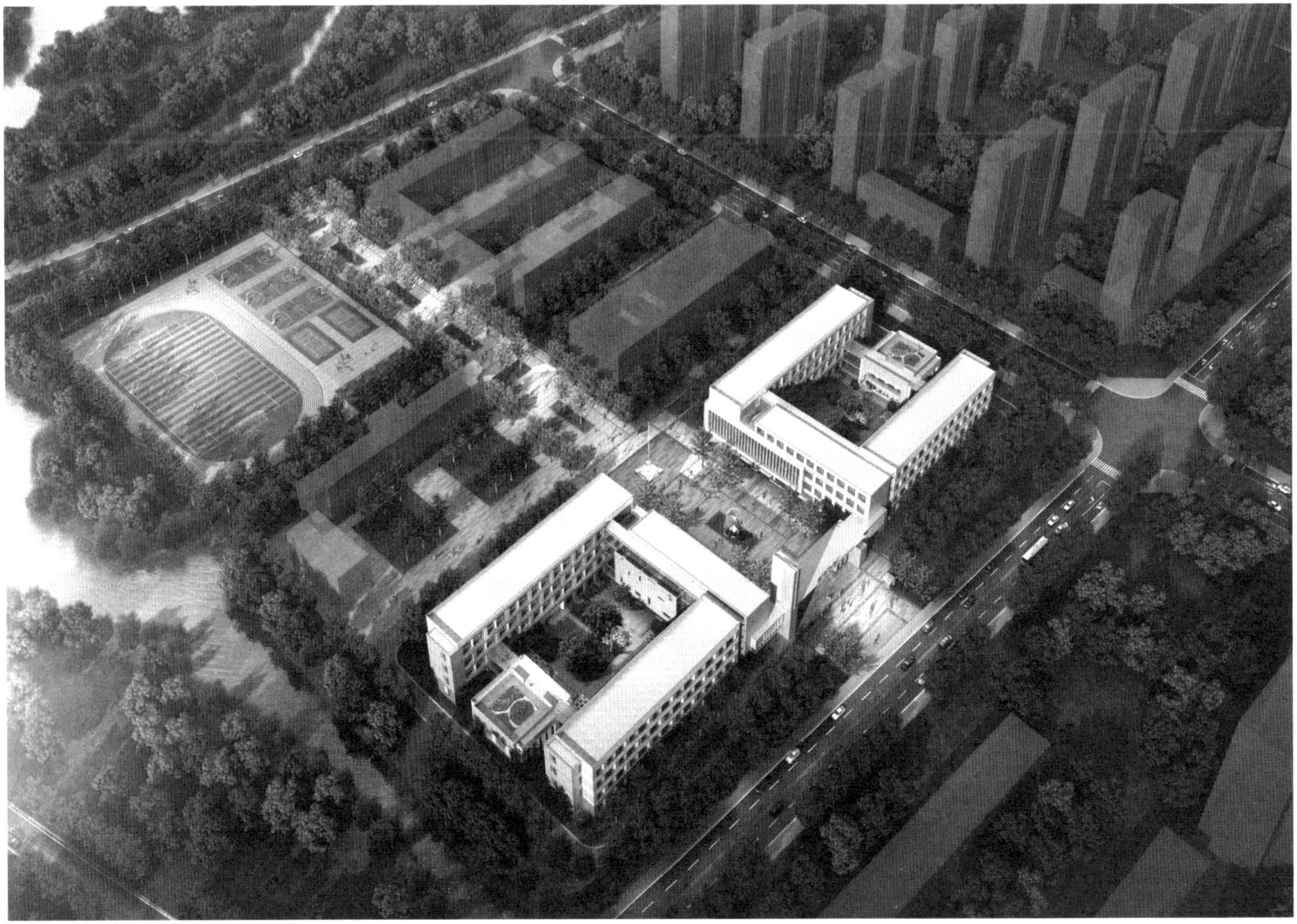

整体鸟瞰图

沿栗园路与富民路交叉口日景透视图

校园内广场夜景透视图

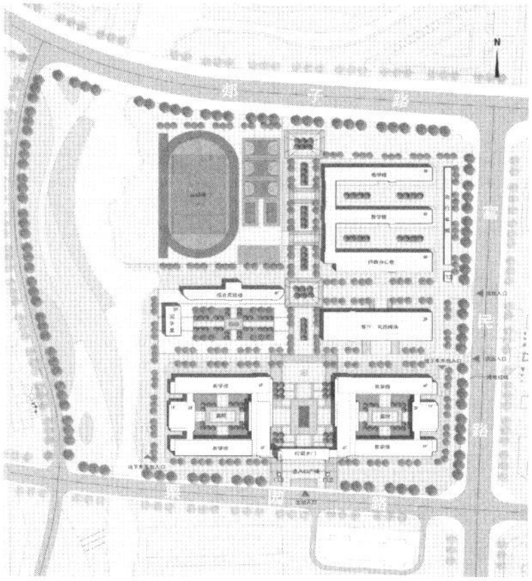

总平面图

校园主入口日景透视图

扬州商务区万福幼儿园方案设计

WANFU KINDERGARTEN, JIANGSU

项目位于扬州，地块东至耀阳路，南至老万福路，西侧比邻邻里商业，北至景观河道。

通过地下空间利用，激活屋顶空间，植入多类型非正式交往空间和打破单元界限实现共享大空间等设计策略，满足了对班级规模，绿地和共享非正式交往空间的需要。

幼儿园提取了古典园林中的游廊元素，将游廊空间立体化，使之成为各个建筑之间的联系通道，既有遮阴避雨、休息、交通联系的功能，又起到组织景观、分割空间、增加风景层次的作用，同时还为幼儿提供多层次的游乐场所，留下美好的校园回忆。

具有外立面的新奇感，室外场地的丰富性，室内公共场所的体验性，屋顶活动场地的丰富性，标准班级单元的舒适性，使之成为契合幼儿心理，反映类型特征的情景化校园，自然与建筑一体化融合的景观型校园，创造儿童成长庇护的安全性校园，功能体验与改善城市环境兼备的前瞻性校园。

设 计 者：胡向磊

工程规模：占地面积：7073m^2　总建筑面积：6551m^2

设计阶段：方案设计

委托单位：扬州市万福城市投资发展有限公司

总体鸟瞰图

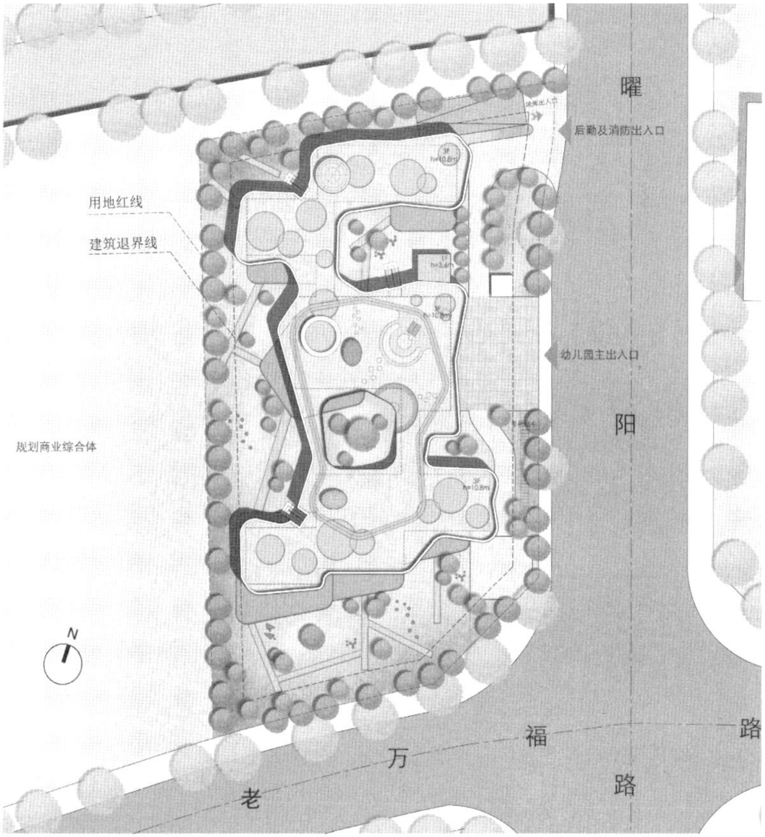

总平面图

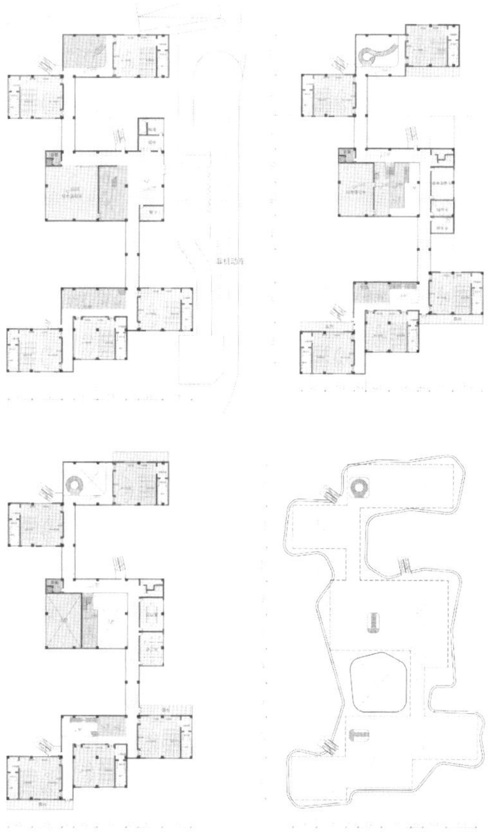

平面图

透视效果图

合肥幼儿师范高等专科学校幼儿园

HEIFEI PRESCHOOL TEACHERS COLLEGE KINDERGARTEN,ANHUI

项目为合肥幼师新校区附属实训设施。基地呈南北长东西窄，西、南两侧临城市河道绿化，景观资源独特，东侧隔操场为小学，北临城市道路。

儿童聚落——北区设置综合楼，南区为各班活动室和音体室。7个体块采用分散式布局，增加了幼儿亲近自然的机会。中部环形连廊串接所有体块，共同围合形成公共活动场地。各形体统一采用双坡屋顶＋多彩缤纷的样式，为孩子们营造充满童趣的“儿童聚落”。

内外互动——底层10个班设有独立前院，作为分班活动场；二层5个班利用底层屋顶退台作为室外活动场，各班室内外活动场互动，联系便捷。南侧音体室景观优越，打开移门即可将室内空间延伸至室外。

立体环廊——环形连廊底部提供了全天候活动场所，上部活动平台视野开阔，形成立体的交往空间。环廊划分了各体块之间的小院落与公共活动场地，空间相互渗透，形成丰富的院落层次和空间感受。

设 计 者：陈强　周逸文
工程规模：建筑面积 6150m^2
设计阶段：方案设计、深化设计
委托单位：合肥幼儿师范高等专科学校

鸟瞰图

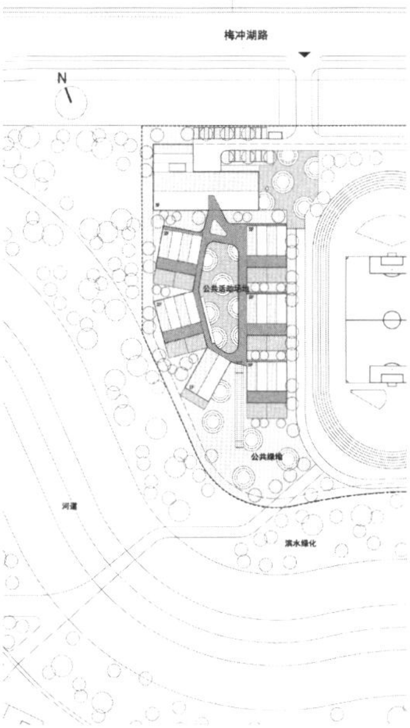

总平面图

二层庭院透视图

入口门厅透视图

环廊底部透视图

音体室透视图

二层平台透视图

海南陵水黎安国际教育创新试验区幼儿园

KINDERGARTEN IN HAINAN LI'AN INTERNATIONAL EDUCATION INNOVATION PILOT ZONE, HAINAN

项目位于海南陵水黎安国际教育创新试验区教师宿舍 / 公寓用地内，是为园区教职工子女提供学前教育的场所。在相对集约的用地条件下，项目有效整合了九班幼儿园的必要功能用房与场地需求，并创造了结合地域气候与童趣性表达的当代幼儿园设计。

建筑方案以积木堆叠为设计灵感，将儿童玩具转化为建筑体量的组合与叠加，并通过单元巧妙地左右错动，形成统一秩序下的动态变化，结合不同立面色彩的分布，创造了具有童趣的设计表达。而坡屋顶的造型，又再现了儿童视野下对家和房子的想象。在功能空间布局中，南侧布局幼儿活动用房与寝室，以充分满足日照要求，北侧为其他附属用房，两个区域之间利用采光中庭连接，既为公共空间提供充分的日照与通风条件，又形成了立体的空间视线关系，极大丰富了空间体验，是儿童教育与生活的多元化与灵活性引导。建筑立面在运用红橙黄三色来体现儿童活力的同时，在外侧设置白色百叶系统，既起到遮阳的作用，又形成了朦胧的立面效果，使艳丽的色彩在环境中显得谦卑与稳定以达到和谐的目的。

幼儿园丰富的造型、合理的功能、简洁的逻辑，创造了适合儿童学习、生活、互动的理想场所。

设 计 者：李振宇　董正蒙　田秀峰
工程规模：建筑面积 3500m^2
设计阶段：方案设计
委托单位：海南陵水黎安国际教育创新试验区开发建设有限公司

鸟瞰图

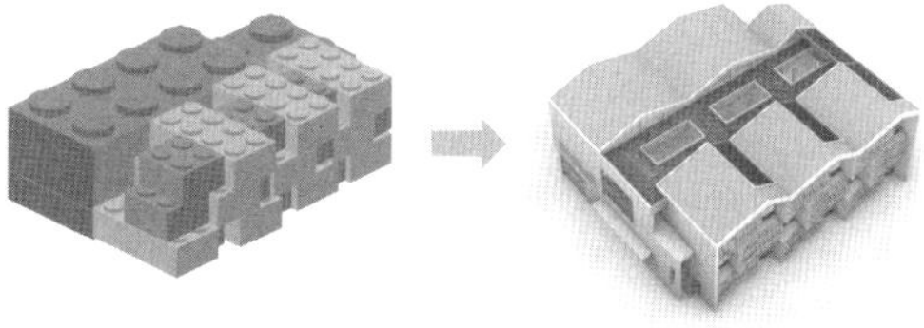

设计理念分析图

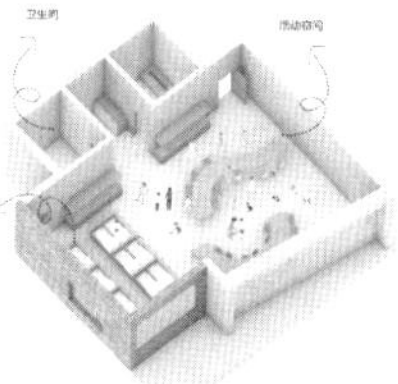

活动室单元分析图

透视图

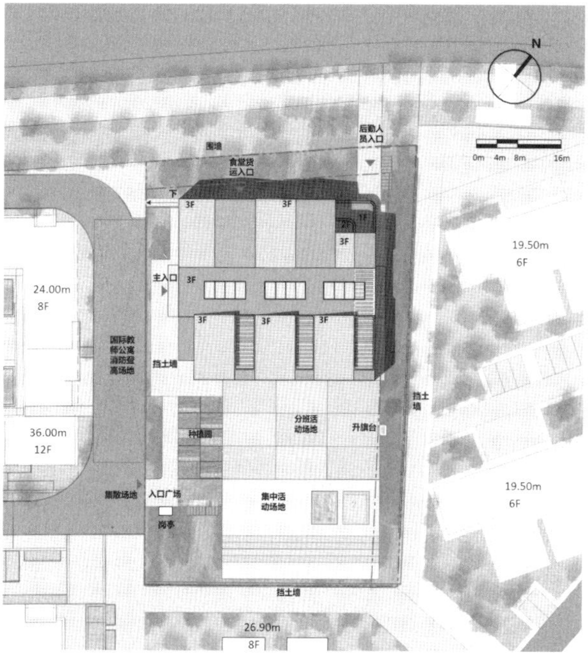

总平面图

透视图

无锡市奥体中心建筑概念设计方案

ARCHITECTURAL CONCEPTUAL DESIGN SCHEME OF WUXI OLYMPIC SPORTS CENTER,JIANGSU

项目位于无锡市经开区太湖之滨，西邻尚贤湖湿地公园，南邻贡湖湾湿地公园。距离无锡市政府约 4.5 公里，距离无锡站约 17.5 公里，与西侧尚贤湖湿地公园西地块、正在规划中的无锡南站距离不到 1 公里。自然资源、旅游资源密集，交通优势突出。用地范围北至具区路，东至南湖大道，南至干城路，西至尚贤道，地块总用地面积约 56.7 公顷。地上建筑面积 32.1 万平方米，地下建筑面积 13.2 万平方米。项目包含体育场、体育馆、游泳馆 + 全民健身中心、文商体旅综合体、公寓、地下车库以及相关配套用房。

规划结构共分为四大片区，分别为体育场、体育馆、游泳馆 + 全民健身中心、文商体旅综合体 + 公寓。片区间形成十字交叉绿洲，贯穿渗透基地周边生态资源。

整体设计取意太湖之滨、洞见山水。奥体中心毗邻太湖之滨，与特有的水系湿地景观资源的呼应作为设计的主要出发点。体育场立面表皮采用水平等宽的铝板装饰线条，结合局部翻起，形成水波荡漾的图案，打造室内较好的风环境体验，同时又可提供遮阳的效果。铝板装饰线条局部扩大形成洞口，以洞取景，提供了市民登高远眺湖景的条件，创造出独有的观赛体验。体育场游泳馆采用统一的设计语言，流畅的线条如同水波，呼应了湿地特有的场地属性。

设 计 者：汤朔宁　钱锋　徐烨　邱东晴　奚凤新　林大卫　余雪悦　蒯新珏　李姣佼　袁路

工程规模：建筑面积 45 200m^2

设计阶段：概念方案设计

委托单位：无锡市太湖新城发展集团有限公司

整体鸟瞰图

游泳馆人视图

整体半鸟瞰图

体育场休息厅透视图

体育场半鸟瞰图

八角湾国际体育中心

ARCHITECTURAL DESIGN FOR YANTAI BAJIAO BAY SPORTS CENTER PROJECT,SHANDONG

八角湾中央创新区区片开发（一期）八角湾国际体育中心位于烟台市八角湾中央创新区区片。八角中心大街以北，八角河以南，海滨路以西，规划路以东地块，用地面积约 238 505.9 平方米。项目地理位置优越，环境良好，具有成为城市发展驱动力的优越条件。包含 1 万座甲级综合体育馆、训练馆以及配套的商业培训等功能，同时包含室外训练健身场地以及地下车库。设计以塑造整体化的规划结构、人文化的地域内涵、生态化的公共空间、多元化的活动场所为目标，打造开放、融于自然、富有诗意的体育公园。

整个体育中心形成“一环三、带三、片区”的规划结构：1 公里慢跑环，串连室外活动场地；内街打造成集休闲商业、大众健身、教育培训于一体的中央活力带；体育赛事区、全民健身区、户外活动区三区功能上相互支持。

方案设计将山水元素巧妙相融，采用堆坡造景的设计手法，将建筑体量化整为零：下部建筑体量隐匿于草坡之下，如清波微漾，彰显滨海空间的灵动与飘逸；草坡上部的体育馆和健身中心如同绵延群山，传达港城的稳重与大气；呼应烟云山水的设计立意。 总体形态以 1 公里慢跑的生命之环为核心，串联起体育赛事的竞技之环、全民健身的健康之环、户外活动的休闲之环，点缀儿童游乐圈、体育运动圈、景观中庭圈，环环相扣，圈圈交融，建筑、景观、活动相互交织，充分融合，形成了与自然共生的立体城市图景，犹如八角湾畔的一枚闪亮指环。

体育馆屋面形态高低起伏，呈马鞍状。整体造型通过横向的金属铝板百叶包围形成，立面犹如清波荡漾，体量纯粹简洁，强调体育运动的速度感与力量感。三层设置了环形坡道，市民及馆内观众可拾级而上，到达星空云廊，城市海景，尽收眼底。 全民健身中心造型呈单坡屋面，与体育馆遥相呼应，立面线条起伏流畅，自然过渡，彰显出现代优雅的气质。

设 计 者：钱锋　徐烨　史泽道　徐星　崔思宇　陈琪　刘洋

工程规模：建筑面积 145 000m^2

设计阶段：概念方案设计

委托单位：烟台八角湾科创发展有限公司

整体鸟瞰图

生态公园透视图

中央活力轴透视图

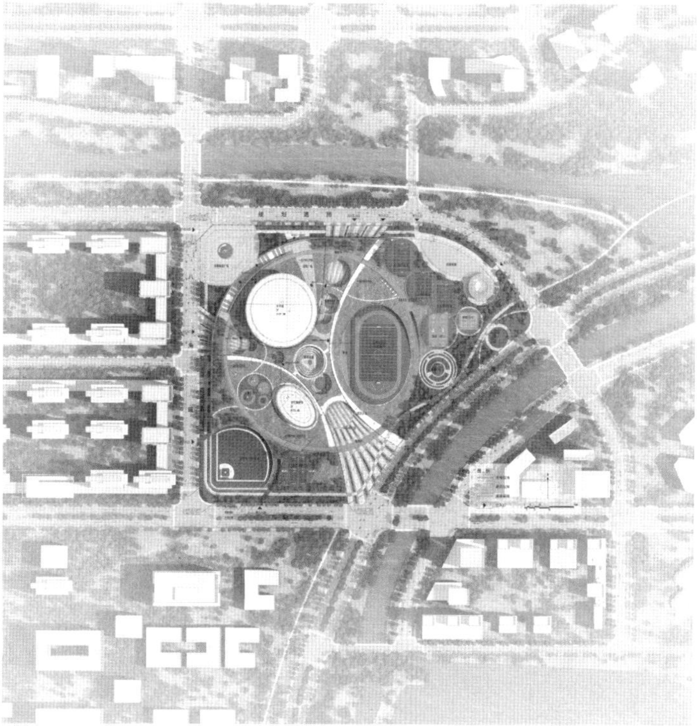
总平面图

夜景鸟瞰图

雄安新区容东片区 1 号地块项目 XARD-0042 宗地（南地块）

RONGDONG AREA LOT 1 PROJECT XARD-0042 LOT (SOUTH PLOT), HEBEI

项目位于雄安新区容东片区 1 号地块东区中部位置，四侧均为城市道路，交通便利，区位优越。

项目由两栋高层和裙房组成，一栋 11 层，另一栋 20 层，为国际甲级写字楼。其中地上 1 层为公共休息厅（门厅）、办公大堂、配套商业等配套用房，2~19 层为大小办公单元及相关配套用房，20 层为书店、咖啡等公共功能用房。地下设置 2 层车库及配套用房。

设计理念：

城市地标。场地毗邻金湖公园，作为片区最高点，本项目通过高低搭配的建筑组群关系，协调周边城市建筑空间关系打造区域城市地标。结合雄安当地的历史文脉特色，通过建筑形态和立面刻画打造标志性。

高端空间。充分利用场地周边景观资源和国际甲级办公楼的品质定位，塑造开放的、共享的、高品质的办公环境。

地域文化。吸取白洋淀地域的自然形态元素，以荷叶和芦苇的形态意向，在建筑幕墙和形态设计上呈现出地域文化特质，打造特色。

设 计 者：谢振宇　胡军锋　晏正希　董天翔　张君

工程规模：建筑面积约 89 000m^2

设计阶段：方案设计、初步设计、施工图设计

委托单位：中电建河北雄安智汇城建设发展有限公司

鸟瞰图

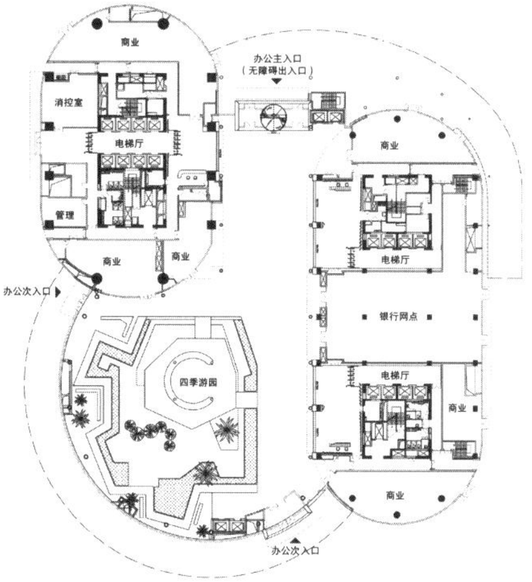

一层平面图

南侧透视图

北侧透视图

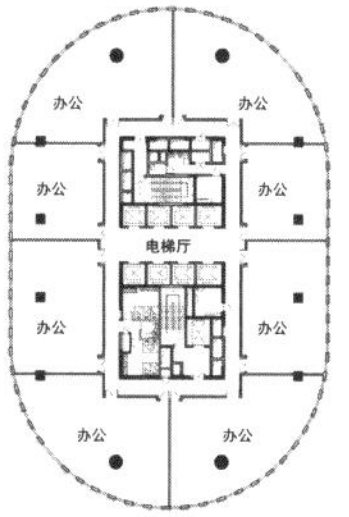

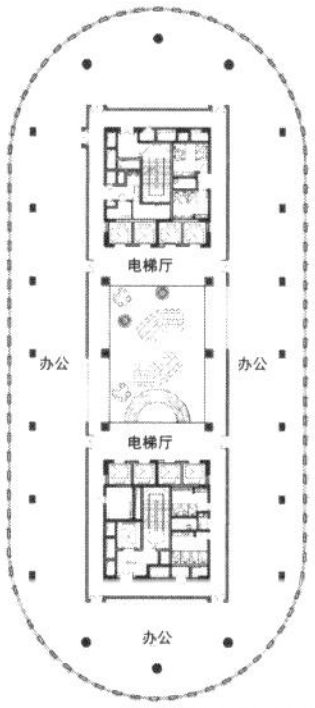

标准层平面图

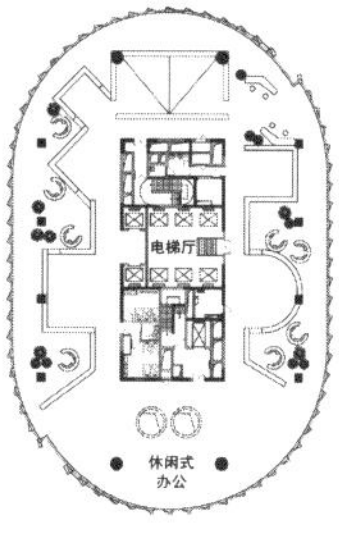

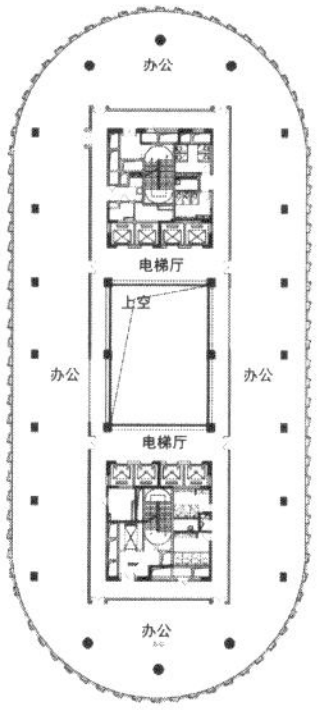

顶层平面图

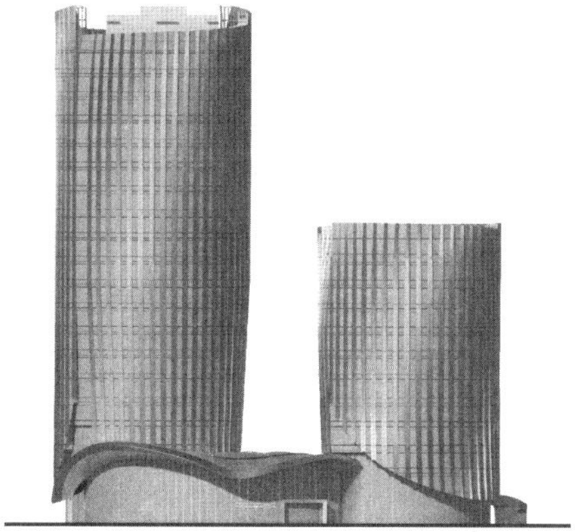

南立面图

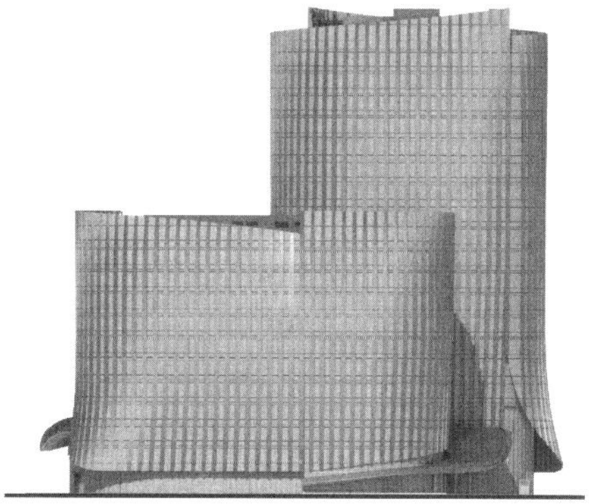

东立面图

雄安新区容东片区 1 号地块项目 XARD-0042 宗地（北地块）

RONGDONG AREA LOT 1 PROJECT XARD-0042 LOT (NORTH PLOT)

项目位于雄安新区容东片区 1 号地块东区中部位置，紧邻轨交站点，交通便利，地理位置优越。

项目为 10 层高层办公建筑，其中地上 1 层为共享办公大厅（门厅）、多功能厅、配套商业等用房，2 层为共享办公、企业办公、以及相关辅助配套用房，其余楼层均为大小出租办公单元及相关配套用房，地下设置 2 层车库及配套用房。

设计理念：

门户地标，生态智创。主要功能为办公，基于高科技企业客户群的产业特征，打造具有可识别性的门户地标建筑形象。

立体景观，公园建筑。利用周边优异景观资源，吸取白洋淀地域的自然形态元素，建构公共庭院和景观平台，提供积极生动的交流休憩空间，并呈现空间与形态的文化特质。

交互共享，创新办公。通过创建高品质的企业生态圈，充分满足交互共享和灵活多变的办公空间需求。

设 计 者：徐甘　叶京杰

工程规模：建筑面积约 73 000m^2

设计阶段：方案设计、初步设计

委托单位：中电建河北雄安智汇城建设发展有限公司

鸟瞰图

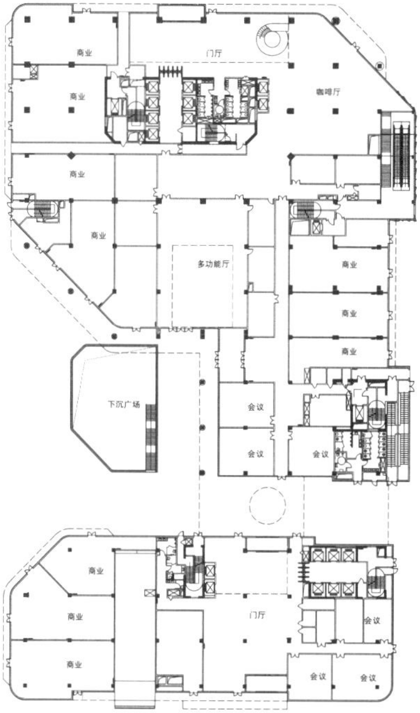

北地块一层平面图

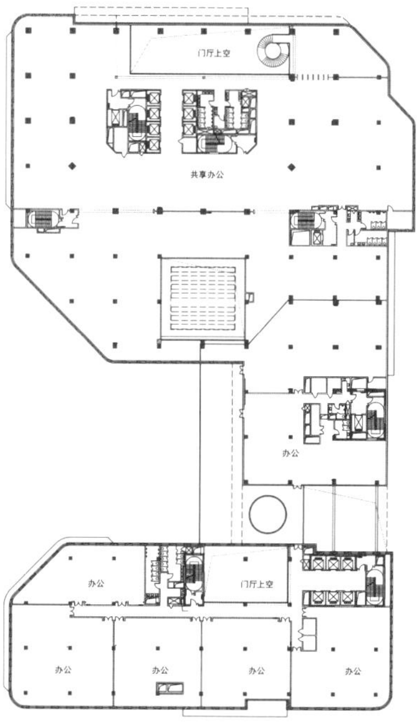

北地块二层平面图

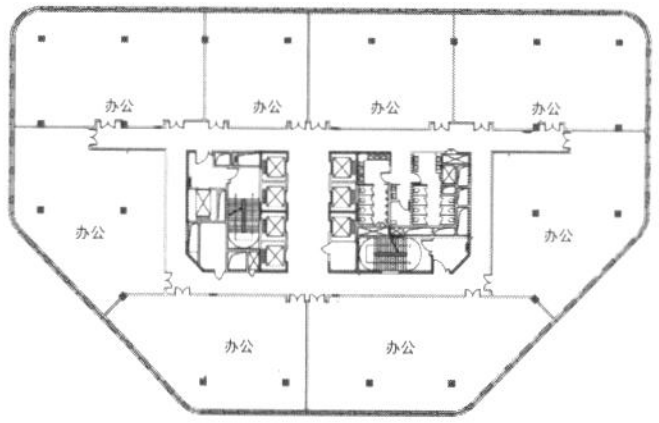

北地块标准层平面图

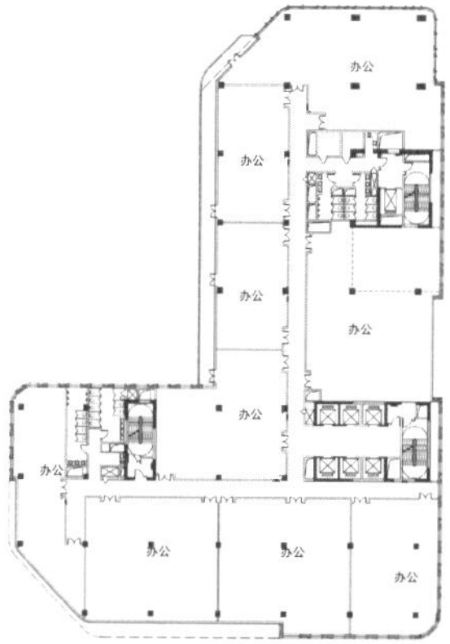

北地块三层平面图

北地块西侧透视图

北地块下沉广场 1

北地块下沉广场 2

北地块透视图 1

北地块透视图 2

雄安新区容东电建智汇城 45 号地块项目

CIVIL ENGINEERING COLLEGE OF NORTH CHINA UNIVERSITY OF WATER RESOURCES AND ELECTRIC POWER, HEBEI

项目位于河北雄安新区，东至规划 N21 道路，西至规划 N4 道路，南至规划 E3 道路，北至规划 E2 道路。建设规模：项目地上总建筑面积 207 948 平方米，地下建筑面积 71 263 平方米。建筑功能为办公及商业配套。

项目建筑造型主要采用竖向分段的建筑语汇。自上而下为顶部，中段和基座，强调建筑的水平伸展。

建筑主体主要采用米色石材与玻璃窗相结合的设计方式。通过石材的运用更显稳重典雅，玻璃的运用与石材形成材质肌理的对比。顶部采用退台处理手法，丰富建筑形体变化，中段立面设计采取均质化的立面肌理，每栋楼的立面风格类似而不雷同。基座突出横向的挑板，结合竖向变化的窗分隔，材质石材为主，竖向挑窗，稳重大气。

设 计 者：汤朔宁　曹亮　龙羽　胡博君　蒯新珏　李婷婷

工程规模：建筑面积 279 211m^2

设计阶段：方案设计、初步设计

委托单位：中电建河北雄安智汇城建设发展有限公司

整体鸟瞰图

沿街半鸟瞰图

沿街半鸟瞰图

下沉庭院透视图

下沉庭院透视图

沿街立面透视图

沁水县城市综合服务中心建设项目

QINSHUI COUNTY URBAN COMPREHENSIVE SERVICE CENTER CONSTRUCTION PROJECT, SHANXI

项目用地位于沁水县县城东侧，地块呈三角形用地。地上建筑面积 13 101 平方米，地下建筑面积 6832 平方米。主要建设内容包括旅游集散中心、融媒体中心、“数字沁水”指挥中心及配套工程。

建筑功能较多，使用人群复杂，根据功能需求及地块特征，将三大设计内容分成两个体块，融媒体中心及沁水数字智慧中心合并，设置于地块东侧，将旅游集散中心相对独立设置，设置于地块西侧，两个体块通过三层连廊互通。

沁水县素有“一城山水半城园”之称。建筑起伏连绵的形象在造型上呼应了场地周边崇山峻岭的自然环境，屋顶和立面流动扭转的造型呼应了穿城而过的沁河。方案造型东高西低，外立面材料选用香槟金色拉丝不锈钢作为主材，为了加强整个建筑动感及东西体块的连续性，主要采用横向百叶线条。外立面一层通透，采用玻璃幕墙。二层以上在主要业务用房区域，构造做法为百叶 + 玻璃。为了保证后期玻璃及铝板实施的模数化，在主面区域以直线为主。

设 计 者：汤朔宁　奚凤新　袁路

工程规模：建筑面积 19 933m^2

设计阶段：方案设计、初步设计、施工图设计

委托单位：沁水县住房和城乡建设管理局

鸟瞰图

人视效果图

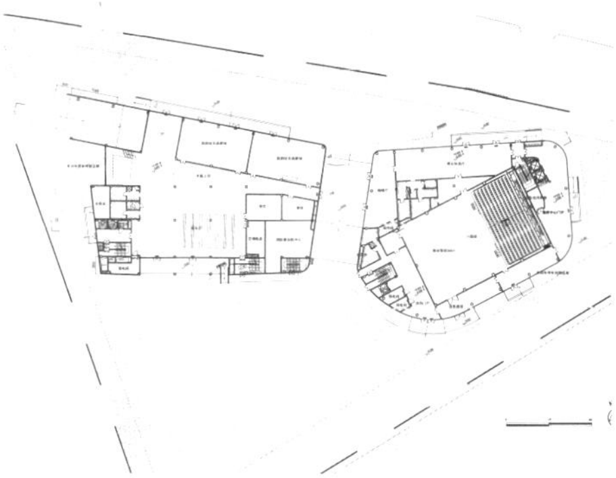

一层平面图

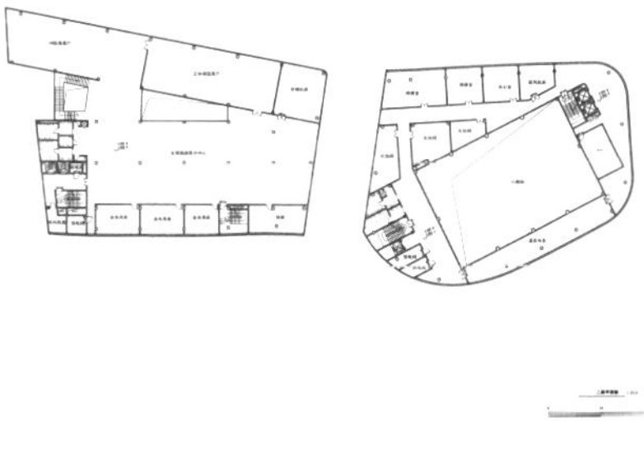

二层平面图

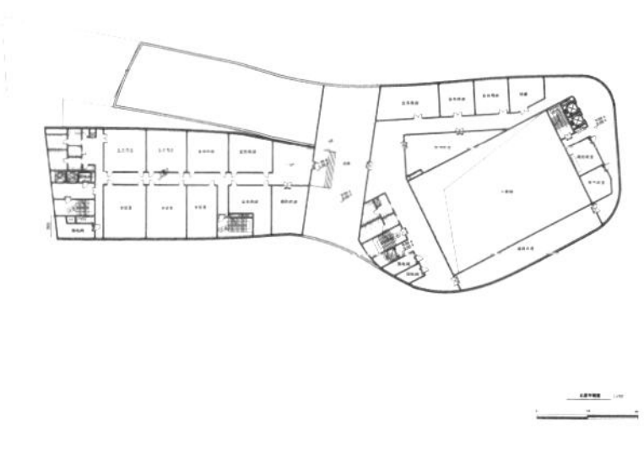

三层平面图

上海市安亭老镇 22 街坊（银安宾馆地块）（暂名）概念设计方案

22ND STREET ANTING OLD TOWN (YIN'AN HOTEL PLOT) CONCEPTUAL DESIGN, SHANGHAI

项目是商业办公综合体。整体功能定位一方面通过对商业和配套生活服务设施的优化，实现同一街坊内的产业和生活融合，丰富市民公共生活，完善区域空间景观。另一方面借力“国际汽车智慧城”品牌效应，服务汽车芯片传感等领域的企业总部、智慧交通等新赛道产业科技研发团队，辅以智能网联数字应用、低碳绿色科技服务，打造产城共融．智慧共享、低碳共生的“智芯聚核”。

总体布局根据上位规划与上海市相关规划管理条例规定，结合基地条件和项目特征综合展开。

建筑整体以和缓错落的姿态沿东西向铺陈，既满足了对基地东北侧住宅的日照需求又为办公塔楼提供了更多南向空间，同时丰富了沿吕吉路的城市界面和天际轮廓。其中，商业裙房沿墨玉路和昌吉路交叉口展开布置，便于公众抵达共享，充分提升商业价值；办公塔楼布置于基地东北侧，具有领域性和归属感。

建筑意取中国传统山水的层峦叠嶂、山高水长。一方面以挺拔大气之形，蕴持重笃行之义，以此策应基地南向的行政机构；另一方面以“雄、峻、奇、秀”之态，凸显商业的公共性和高科技办公空间的当代性，达成“高山仰止，景行行止”的建筑意向。

设 计 者：徐甘　叶京杰　朱淼
工程规模：建筑面积 33 281m^2
设计阶段：概念性方案设计
委托单位：上海安亭实业发展有限公司

总体鸟瞰图

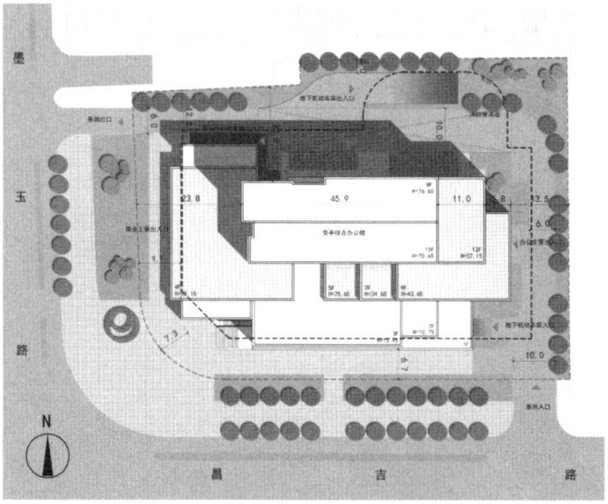

总平面图

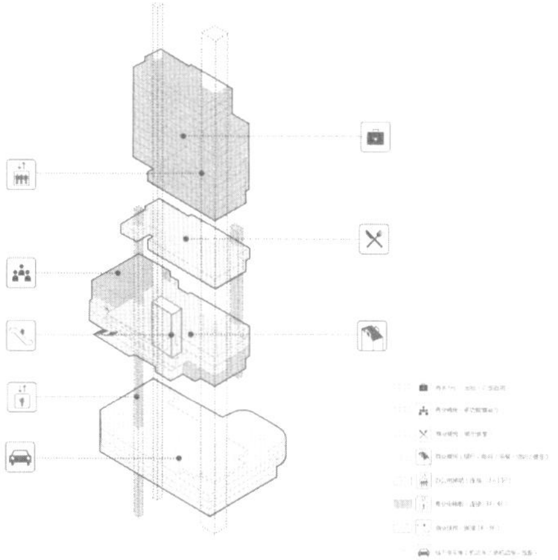
分析图

剖透视图

西北透视

双首层入口

车库入口

西南透视

东南透视

常州中节能北侧地块建设工程方案设计

DESIGN OF THE NORTH BLOCK CONSTRUCTION PROJECT OF CHANGZHOU ENERGY-SAVING DEMONSTRATION ZONE, JIANGSU

项目位于常州市武进绿色建筑产业集聚示范区，是该区域未来发展的重要锚点。项目用地未来计划引进三家国内领先的绿色建筑设计研发企业作为整个绿建区绿色建筑产业的功能补充，将进一步集聚绿建科技产业推广绿色建筑技术推动绿建行业转型提升城市功能形象。

规划理念：打造产城融合、绿色共享、科技引领的创新产业园区。1. 产城融合：在空间上，把整个园区空间向城市界面打开，形成具有街道参围的园区场景；在功能上，在园区内部引入零售、商业等城市功能，与城市功能有机结合，打造产城一体的模式。2. 绿色共享：充分利用基地周边的水体、绿化等景观资源，引入绿色建筑技术，打造绿色共享的园区环境。3. 科技引领：引进先进的互联网、物联网等智慧城市科技，实现智慧运营、智慧物管、智慧交通等具有先进性和示范性的园区建设、管理和运营模式。

方案采用围合式和半围合式布局塑造具有亲和力的城市空间肌理，整体形态体现多层为主、高低结合的空间形态。控制沿街高层建筑界面连续长度，整体考虑沿街界面节奏，重点打造街角空间形态和街道空间形态。以中低密度的办公楼和大量的绿化空间，满足企业办公、研发等需求，地块内通过建筑后退、内部预留等方式提供绿地、广场及公共开放的建筑底层架空、空中连廊、屋顶平台等共享空间，建立合理的公共步行联系，提升景观品质。

设 计 者：孙彤宇　李勇
工程规模：总用地面积：3.72hm^2，总建筑面积 140 431m^2
设计阶段：建筑设计方案
委托单位：常州市武进绿色建筑产业集聚示范区管理委员会

总体鸟瞰图

南侧透视图

西立面

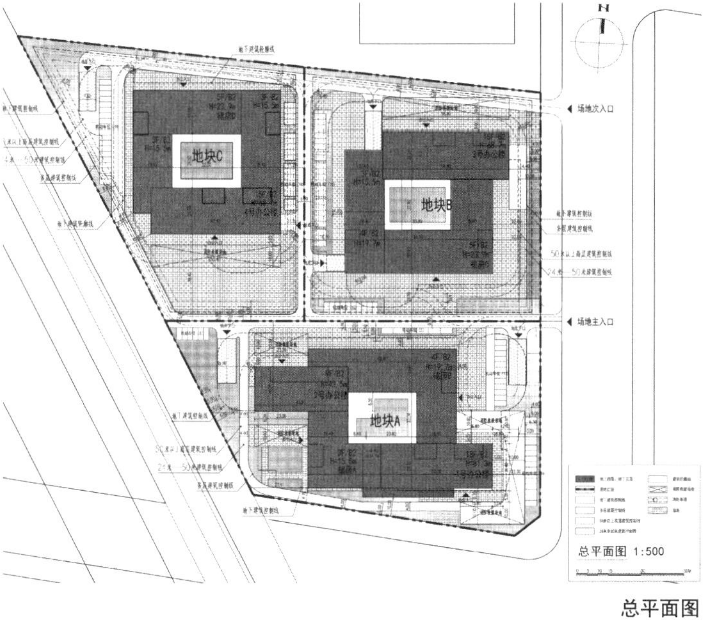

总平面图

南立面

天津市特变电工智慧产业园项目

TIANJIN TBEA INDUSTRIAL PARK, TIANJIN

特变电工智慧产业园位于天津市武清区开发区，整体布局围绕面向未来、智慧、生态园区的设计主旨，建筑物呈L形紧凑布局居于用地北侧，最大化地呈现生态自然的园区氛围，主入口位于地块南侧轴线对位办公楼，塑造庄严肃穆的仪式感。

现代简约的整体风格——总部园区的整体风格为现代简约，响应企业发展理念，以高效、实用为首要目标，体现国际化的开放包容理念。高品质的绿色园区——高品质的景观环境融入人的活动，成为园区创新人才的交流创新空间，是室内办公空间的生态延续，同时是打造低碳生态园区的重要空间承载。多元丰富的配套支撑——不仅是办公园区更是员工的生活园区，在提供传统的办公场所外，具有吸引力的总部园区往往具备完善的休闲、餐饮、文化、健身等配套设施。城园共生的开放园区——注重与城市的共享，对城市的贡献，提升企业的社会影响力。

南北向广场序列引自南侧湖景公园，由南入口迎宾广场、泰山景石、升旗广场、诚礼广场、毓才广场、办公楼，形成多进院落空间格局。东西向延续城市广场轴线，通过东入口大门、诚礼广场、办公楼等形成层层递进的韵律之美。

景观最大化利用室外空间，外围区域绿丘环抱，庭园和微丘形成连绵生态绿脉，中部结合场地南北主轴形成层次丰富的三进院落空间。整体打造成为多元生境，建筑融于自然的生态公园型园区。

设 计 者：王立颖　杨世杰　任翔　夏敏　张海峰　吴珺　李向阳　马云富　陈超　王辉　邱俊雅　刘佳卉
工程规模：建筑面积 126 652.57m^2
设计阶段：方案设计、初步设计、施工图设计
委托单位：特变电工科技投资有限公司

鸟瞰图

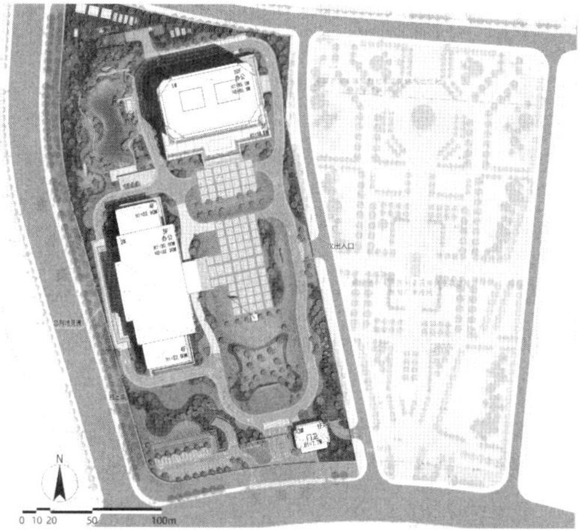

人视图

鹤壁东区金融中心方案设计

HEBI FINANCIAL CENTER, HENAN

鹤壁东区金融中心位于鹤壁东区新城中北部，新城城市建设用地 30.4 平方公里，总人口 30 万人，位于东区公共服务复合轴线与湘江路山岗相望通廊十字相交的交会处，是城市发展的重要几何节点，与老城区行政中心东西相望，是首批开发建设的地块之一，又是新城公共服务中心，带动城市功能南北和东西向发展，意义重大。

鹤壁东区金融中心方案在整体风格上采用了中式建筑风格，建筑类型为商务办公建筑。建筑形式采用的是现代汉唐建筑的风格，从构思、布局到立面处理，自然而然地形成了一种全新的鹤壁特色金融办公风格，多层办公楼突出反映现代古建筑的风格特点：气魄宏伟，严整又开朗；色调简洁明快，屋顶舒展平远，门窗朴实无华，给人庄重，大方的印象。

总体布局以“礼序空间，中正大气；碧水萦绕，灵动自然”为核心设计理念。突出本地块与入青湖的轴线对应关系，打开城市界面，将入青湖的景观融入本地块，形成复合、活力的公共空间。同时沿泰伯大街设计对称双塔，将古时宫阙概念注入建筑立面设计中，呈现古今交融，中西合璧的磅礴气势，预示金融中心盛世崛起，自然地形成城市新地标。

设 计 者：王立颖　罗利辉　朱海峰　孙维群　赵勇　李向阳

工程规模：建筑面积 216 190m^2

设计阶段：方案设计

委托单位：鹤壁东区建设发展中心

鸟瞰图

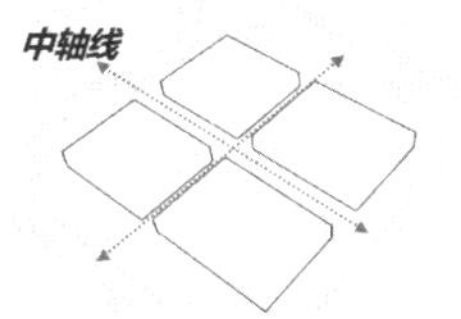

轴线延伸，自然分成四地块

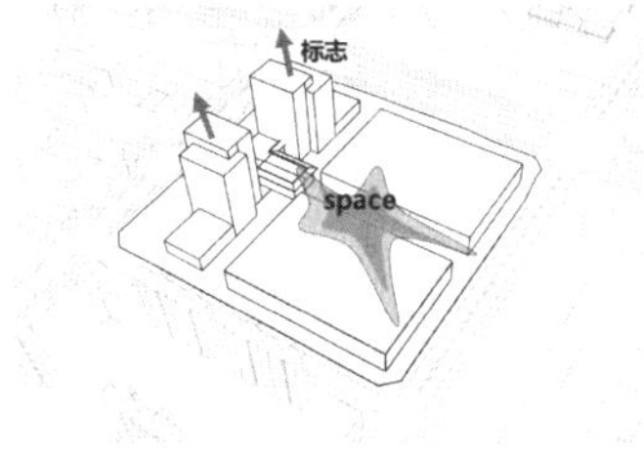

塔楼沿泰伯大街排布，创建地标，中央大景观

环形廊道，形成中央汇聚焦点

屋顶绿化，创造丰富公共空间

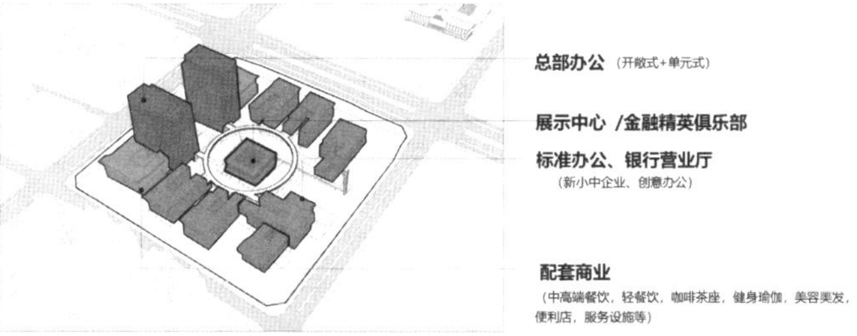

人视图

善建·金城中心项目

SHANJIAN JINCHENG CENTER PROJECT , GANSU

项目位于兰州市城关区，建设内容包括公交建集团总部、配套酒店、商业和商品住宅等，实现产城融合，打造兰州城市北出口的高品质地标。

设计亮点一　刚柔相济、龙凤呈祥：总部楼群气质硬朗严谨、住宅区风格灵动柔和，内外分明，主次有别，和而不同。共同形成格调一致、品质领先、场景多样的城市风貌。

设计亮点二　借山看水、山水相生：从虚实两个层面，塑造本项目的山水关系。虚的层面，建筑布局从得天独厚的地缘景观着眼，力求在城市尺度上 360° 借景，通过建筑之间的景观通道、建筑多种标高的观景露台等措施，最大化将基地西北的天然山脉和南侧的黄河景观收纳于一处。实地层面，把总部建筑布局成具有当地山石意向的建筑组群。善用地形，利用自然高差，塑造山形群落和立体叠水景观。

设计亮点三　秩序分明、内外有致：沿主干路的双塔建筑，间距舒朗，形成具有开放通透的街道界面。住宅区依据地形，沿着蜿蜒变化的“景观带”错落布局。 总部塔楼西北侧与住宅区相邻的腹地区域，住宅布局退让，形成叠水景观花园，总部建筑群的礼仪轴线向内延伸，与住宅景观带的交会处，以一个别致的会所建筑作为焦点。总部塔楼与住宅共享绝佳景观。

设 计 者：边克举　尹宏德　李欢畴　康琦　唐振力

工程规模：基地面积 11.58hm^2　建筑面积 564 788m^2

设计阶段：规划设计、建筑设计

建设单位：甘肃驼铃工贸发展有限公司

整体鸟瞰图

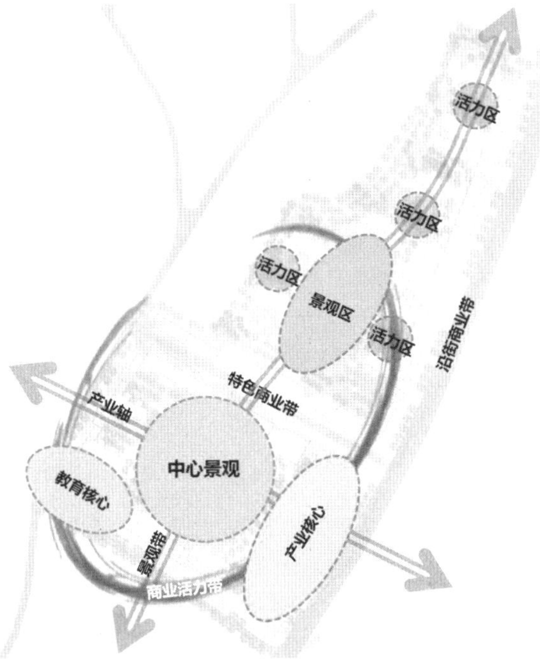

总体规划结构

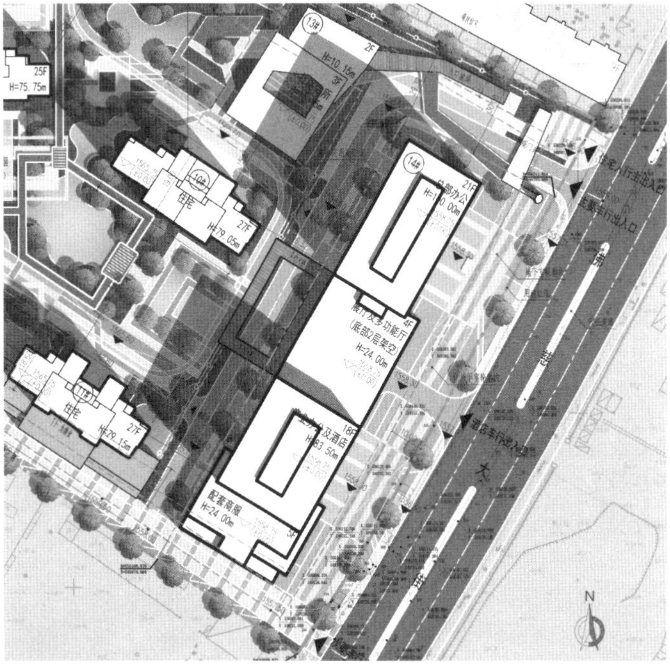
总部地块总平面图

沿城市界面效果图

空中花园效果图

中共奉贤县委旧址扩建

EXPANSION OF CPC FENGXIAN COUNTY COMMITTEE, SHANGHAI

项目位于上海市奉贤区奉城镇历史风貌保护区，是中共奉贤县委旧址所在。设计深入挖掘场所的历史底蕴，传承延续场地历史脉络，在尊重与呼应历史建筑和保护区总体风貌的前提下，完善和发展展示、宣传、教育和服务功能，将社区公共活动与红色历史展示紧密联结，丰富拓展红色文化内涵，项目建成后已成为奉贤区文化新地标。

1. 从普适性到在地性——形态语言突破展览建筑固有模式，提取历史建筑的特征性元素，通过钢木结构和清水混凝土材质相结合的现代建筑语言演绎具有新江南意韵的空间序列和整体形象，彰显地域特色，协调周边风貌。2. 从内向封闭到开放复合——突破展馆既有的严格分区，将不同形式的展示空间、公共空间、休憩交流空间相互融合关联，形成流动的，具有丰富层次的空间组合，在完整的展示流线之外塑造能够带来惊喜和联想的空间序列。3. 从单一功能到复合功能——突破单一的展览空间模式，增加茶室、阅览区等开放功能与展陈流线有机结合，设置半室外的檐廊、下沉广场，为社区提供有吸引力的交往、休闲场所。

基于历史风貌保护区特有的空间线索，通过既有文物建筑的屋脊定位新建建筑的尺度和开间，建立新老建筑间和谐的尺度关系，同时新建建筑运用连续的现代坡顶的形式语言取得与既有建筑的呼应，地块转角设置半室外活动空间，成为对市民开放的驿站，各功能组团通过连续蜿蜒的坡顶相互衔接，形成融通、连续的空间和视觉形象，满足多样化的文化、教育和生活服务需求。

设 计 者：章明　张姿　丁纯　丁阔　林佳一　郭璐炜　吴炎阳

工程规模：建筑面积 2783.17m^2

设计阶段：方案设计、初步设计、施工图设计、施工完成

委托单位：中共上海市奉贤区委党史研究室

鸟瞰图

内院人视

新旧屋檐

街角人视

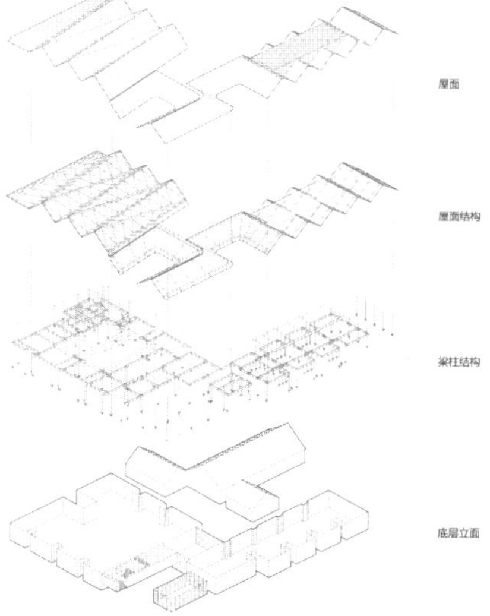

结构分析

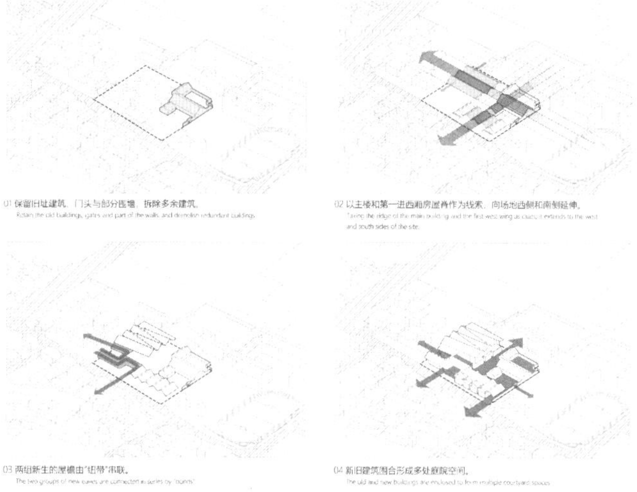

生成分析

科创田园

INNOVATION PASTORAL OFFICE, SHANGHAI

科创田园位于上海市浦东新区书院镇外灶村，是上海市第四批美丽乡村建设示范项目“科创长廊”上的重要节点。项目将已经废弃的乡镇服装厂建筑改造更新为集办公、休闲于一体的众创办公空间。

独特的原创性科创走廊。通过外部连廊、步道等将田野、办公和休闲三个不同的区域串联起来，既是不同区域联动的纽带也是不同人群交流、合作、沟通、休闲的场所。

响应国家双碳政策。将建筑屋面和光伏进行一体化设计，着力打造乡村碳中和的同时也兼顾整体造型的美观。

建设田园一体化。将南侧“百草园”田野网格延伸进建筑空间，使建筑与田园紧密地交织在一起；通过视线和建筑形体的组织，尽可能地消解建筑与自然之间的界限。

设 计 者：黄一如　韦玮　阚明　杜模　张书略　施英　林文　马世雄

工程规模：建筑面积 3290m^2

设计阶段：方案设计、初步设计、施工图设计

委托单位：上海市临港浦东新经济发展有限公司

鸟瞰图

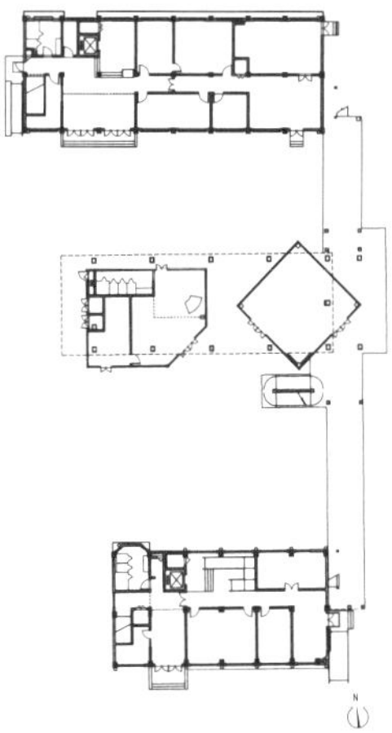

一层平面

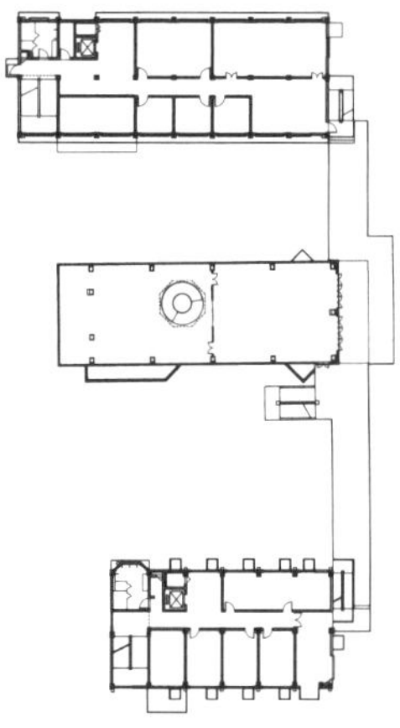

二层平面

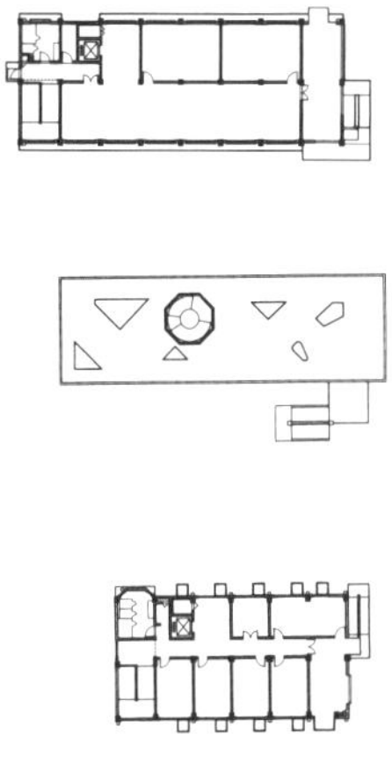

三层平面

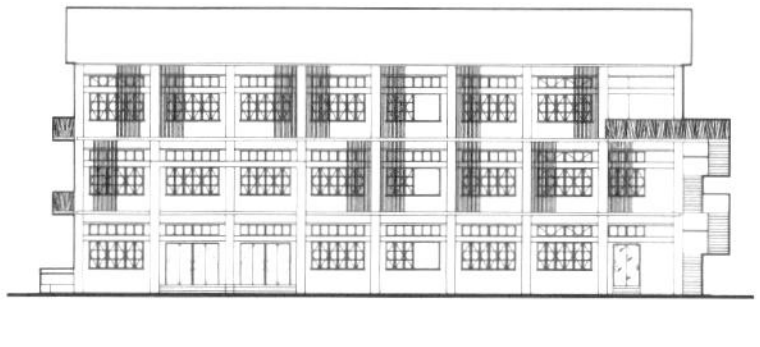

立面图

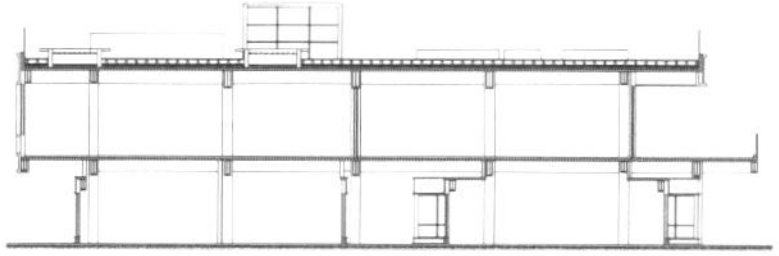

剖面图

容东片区 1 号地块项目 XARD-0041 宗地（中地块、南地块）

RONGDONG AREA LOT 1 PROJECT XARD-0041 LOT (MIDDLE PLOT、SOUTH PLOT), HEBEI

项目位于雄安新区容东片区 1 号地块东区，西侧为金湖公园风景区，东侧紧邻区域标志性建筑，交通便利，地理位置优越。项目“中地块”由 10 栋半开放独栋商业组成，2~3 层建筑，功能为高端中西餐厅、咖啡厅、时尚品牌零售、特色书店、文化艺术展厅等。项目“南地块”由 3 栋半开放独栋商业组成，2 层建筑，功能为企业会馆。

设计特点：

设计结合建筑功能和形态组织，通过下沉庭院、主次广场、边庭内院和空中庭院及露台等相互关联、层叠错落的多维立体院落，打造了一个高下相迎、俯仰生趣的互动式空间体系。使得建筑可以与周边场景和金湖公园进行积极对话，以此达成“在风景中看建筑，在建筑里赏风景”的诗意氛围。

设计结合视觉通廊和内部空间铺成，采用借景、障景、框景等手法，形成步移景异，迷离不尽的街区环境。街区内部以慢行步道为主线，串联不同品质的院落广场，给人们提供丰富的游玩、驻足、休闲及消费空间，打造纯步行的高品质休闲环境。

设 计 者：谢振宇　胡军锋　张君　董天翔　晏正希　张鹤鸣

工程规模：建筑面积约 34 000m^2

设计阶段：方案设计、初步设计

委托单位：中电建河北雄安智汇城建设发展有限公司

鸟瞰图

北侧沿街透视图

东侧沿街透视图

中地块沿街立面图

中地块内街立面图 1

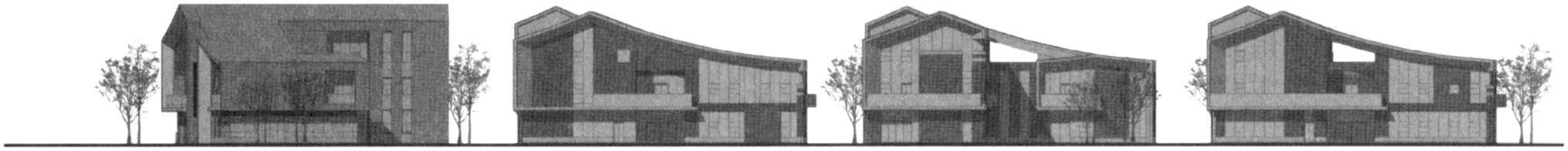
中地块内街立面图 2

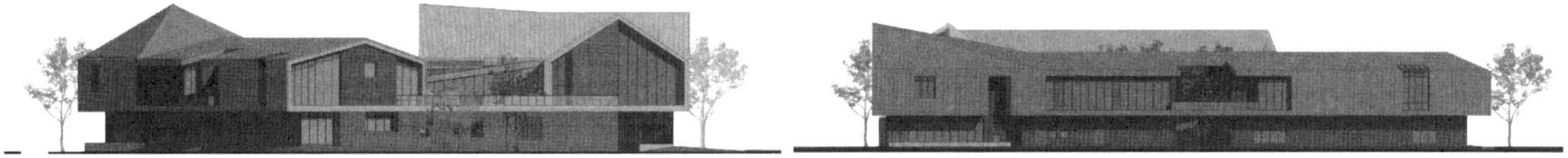
南地块立面图

无锡 XDG–2021–11 号地块 A 区商业项目方案设计

WUXI XDG-2021-11 BLOCK A COMMERCIAL PROJECT SCHEME DESIGN, JIANGSU

项目位于江苏省无锡市清源路与清舒道交叉口东南侧，基地东临自然河道，南临规划道路。建筑高度不超过 5 层，最高点低于 24 米，网架作为屋顶附属构筑，最高点大约 30.2 米，不计入建筑高度。结构：$A–1^{\#}$ 楼共四层，底层 5.1 米，2、3 层 5.4 米，四层 4.2 米，局部 7.2 米带夹层，建筑总高度 20.9 米，底层为钢结构，2~4 层为胶合木框架结构。

建筑设计创作中，对于展厅部分绿色低碳方面做出了充分的考虑，同时最大限度地创造城市公共空间的高标准生态技术建造。近零能耗生态建筑的混合木结构公共展馆，不仅拥有生态天幕垂直花园和园区智慧指挥中心，同时采用智能能源管理中心进行全方位低碳管理。

低密度社区打造“节气社区”的理念，运营低碳社区空间，打造宜居型木构街区生活。在形态上运用单元式的空间组合，灵活多样的单元组合，打造未来宜居街区示范；同时在社区中融入“立体园林”的理念，通过预制木材料的灵活运用，屋面结合光伏电板一体化处理，打造立体式花园空间与示范性生态办公的场所。结合近零碳展厅与低密度社区打造出高标准精品生态技术建造示范区。该方案在招投标中获胜，被选为该地块的实施方案。

设 计 者：陈泳　刘扬　雷少英

工程规模：建筑面积 54 217m^2

设计阶段：方案设计

委托单位：无锡恒元发置业有限公司

透视效果图

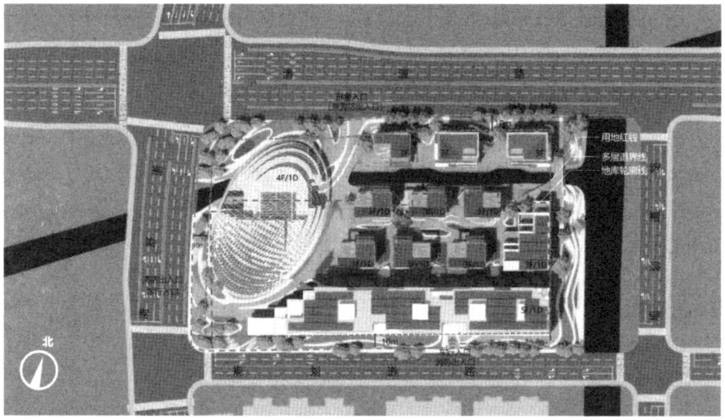

总平面图

夜景效果图

东侧鸟瞰效果图

鸟瞰效果图

鹤壁东区服务综合体方案设计项目

HEBI SERVICE COMPLEX , HENAN

项目位于鹤壁东区新城中北部，新城城市建设用地 30.4 平方公里，总人口 30 万人，位于东区公共服务复合轴线与湘江路山岗相望通廊十字相交的交会处，是城市发展的重要几何节点，与老城区行政中心东西相望，是首批开发建设的地块之一，又是新城公共服务中心，带动城市功能南北和东西向发展，意义重大。

鹤壁东区在城市风貌上应体现中西合璧、以中为主，古今交融的特色，反映中华文化风貌特色，打造国学文化典范。四个地块建筑立面通过现代手法演绎传统建筑，通过传统建筑元素提取，简化，打造现代和汉唐风结合的立面风格，营造古朴又不乏现代的城市服务中心氛围。企业孵化中心项目：萃取提炼汉唐文化，用现代建筑设计手法传承运用，将汉唐文化的大气与厚重通过方正的造型、低调沉静的色调、舒展平远的屋顶呈现出来。端正大气，中轴对称，尽显中华文化千年精髓。会议会展中心项目：鹤壁因“鹤栖南山峭壁”而得名，建筑立面采用“人”字形屋顶，屋角起翘，往两边伸远，使体量巨大的屋顶显得轻盈活泼，又如双鹤飞舞的翅膀，寓意新城以人为本，蓬勃发展，展翅飞翔。现代手法演绎汉唐风，大气沉稳，现代标志。文化中心项目：提取汉唐文化中出挑深远的檐口作为主要设计元素，屋顶层叠延伸，以“智舟”的整体造型烘托出城市大脑指挥大厅的中心地位，作为新城的智慧之心与中轴线上的市民服务中心隔水相望。毛石与玻璃的材质搭配体现传统元素的现代手法表达。

设 计 者：王立颖　罗利辉　任翔　马云富　夏敏　孙维群　赵勇　李向阳　邱俊雅　王辉　刘佳卉　丁文韬

工程规模：建筑面积 229 917.37m^2

设计阶段：方案设计

委托单位：鹤壁东区建设发展中心

鸟瞰图

人视图

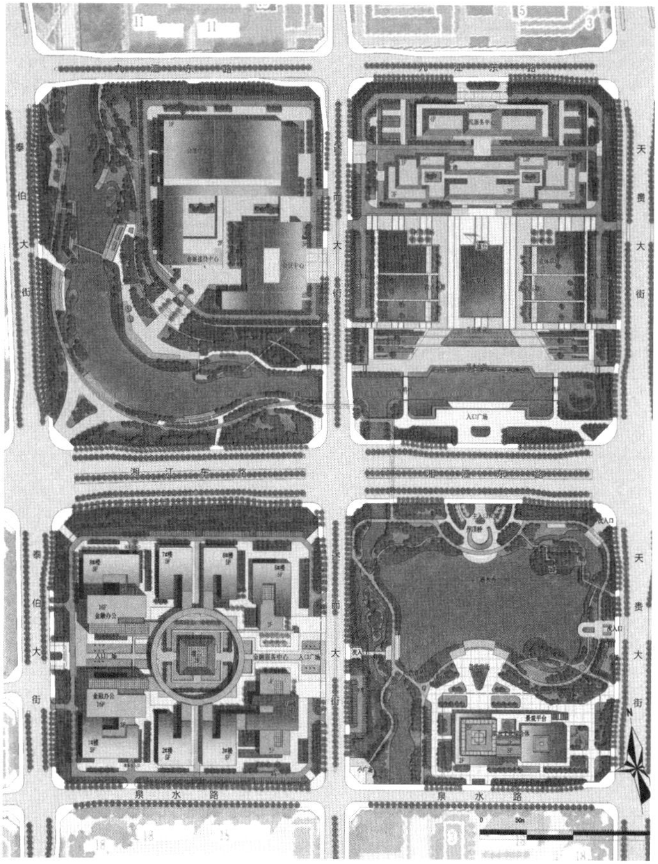

总平面图

德安朝阳路步行街及完整居住社区项目

DE'AN CHAOYANG ROAD PEDESTRIAN STREET AND COMPLETE RESIDENTIAL COMMUNITY PROJECT , JIANGXI

项目位于德安县老城区中心区，北端从万象广场，沿朝阳路至雁家湖，总长约 820 米。设计内容涉及朝阳路步行街打造、周边完整居住社区建设以及新广场平面设计等，设计范围约 7 公顷。

朝阳路自 20 世纪 90 年代以来，依托德安大市场逐步发展为德安的著名商街，商业氛围浓厚。2015 年前后随着城市建设的进步发展，因缺少停车配套而将日益混乱的德安大市场迁出，而随后入驻的万象广场和万象二期等大型商住项目使得区域人气不降反升，朝阳路也发展为较为纯粹的服饰品牌一条街。近年来，随着消费升级、车辆增多，街道基础配套设施越来越不适应现代服务业发展的需要。通过此次综合改造，力争将朝阳路打造成兼具购物、休闲、旅游、智慧于一体的现代综合步行街，更加全面地体现朝阳路的社会价值，稳固其服装品牌零售街区的核心地位，加快发展现代服务业，打造精致城市、提升城市形象和品质。

方案总体策略为活化老城文脉，提升系统品质，展示特色风貌。建筑设计风格结合朝阳路时尚服装品牌街的品牌特色，强调现代多元、潮流轻奢、风格变化的时尚内涵。立面改造策略为突出重点，一楼一策，合而不同，多元交融。

设 计 者：胡军锋　高广鑫　董天翔　张君　张鹤鸣　周慧云

工程规模：占地面积约 $7hm^2$

设计阶段：方案设计

委托单位：德安县住房与城乡建设局

步行街北入口透视图

步行街南侧入口透视图

蒲塘一支路沿街透视图

步行街中段透视图(阳琳时尚)

新广场鸟瞰图

新广场圆楼透视图

樱桃郭村党群服务中心及沿黄龙渠商业设计

YINGTAOGUO VILLAGE CCP SERVICE CENTER AND ALONG HUANGLONG CANAL COMMERCIAL ARCHITECTURE DESIGN, HENAN

项目以“纽带”作为设计概念，既寓意了建筑是联系两岸景观空间的纽带，更突出了党群服务中心联系党组织、党员和广大群众的纽带平台作用。S 形的造型与两个景观节点空间，围合出柔美的太极图案，使建筑和空间场所具有了传统文化的内涵意义。尊重城市空间，从城市和河道景观空间的角度构思方案，纽带一般的 S 形体，使建筑形态与河道走势融为一体，既成为城市的标志性视觉焦点，又不会阻碍景观空间的延伸。建筑作为健康路的北端，需要保留城市道路上感知沿河景观的通廊，因此主入口位置设计了充足的开敞空间。建筑造型唯美舒展，颜值高，空间丰富有趣，对市民有很强的吸引力。流线的建筑形态极具视觉表现力，玻璃幕墙配以纯净的白色金属杆件，提升了建筑的整体气质。建筑既是沿河的观景平台，又是联系两岸的桥梁，拥有丰富的游览和健身路径，将来会成为聚集人气的网红打卡地标。

设 计 者：吴庐生　张健　黄丹　陈武林　沈复宁　朱兴宇　葛成斌　万斌　王笑峰
工程规模：建筑面积 500m^2
设计阶段：方案设计
委托单位：河南省临颍华寓房地产开发有限公司

整体鸟瞰图

沿水岸透视图

沿滨河路夜景图

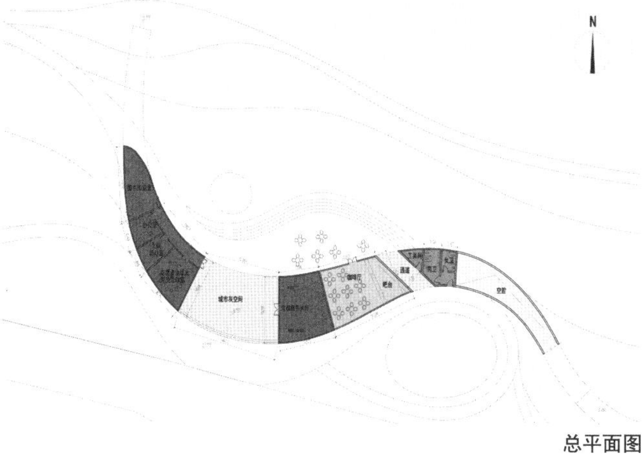

总平面图

沿水岸夜景图

浙能滨江科创基地

ZHEJIANG PROVINCIAL ENERGY GROUP COMPANY LTD. HEADQUARTERS, ZHEJIANG

项目规划设计通过“人文·曲院、山水·环链、能源·叠体”三个尺度层面的整合梳理与系统连接，以一体化的设计手法对场地中及场地周边现存的古树、河流、湖泊做出高效回应，以“聚能环链，续写山湖”为主题，通过功能链、活力链、生态链、能源链、智能链等链接起整个园区，以创造一个人工与自然融合、不同功能融合的无界之链。

通过锚固与游离、丘陵城市、功能弥合等设计策略回应项目的场地诉求、功能诉求、城市诉求：下层空间接续山水之形，随坡就势形成聚能环链，容纳报告厅、体育馆、人才培训基地及办公区域所需会议空间等公共模块，丘陵之上生长出层叠的办公空间，回应能源办公的功能需求。层叠的办公空间左右错动，将山形露出，与山水相融。至此，一条续形山水、人绿共生、产学研用、综合互联的“未来能源科创环链” 轻轻地放置于山水之间。山水相叠，白马清波，自然于此延续；动静相叠，江南意韵，活力于此激发；产研相叠，能源科创，灵感于此交融。

建筑立面设计简洁、大气、一体化，通过纯粹的手法和相对统一的用材塑造上部通透消隐，下部延续山形的建筑形象。裙房强调下部体量感与周边场地融合，试验楼、研究院、人才公寓、孵化器形态方整，便于使用与出租，底部沿街立面采用垂直绿化，消隐于自然；坡顶绿化与混凝土铺地间隔流线形布置，垂直绿化、屋顶绿化与周边融为一体，同时具有创新性与科技感。

设 计 者：章明　张姿　陈波　姚冠杰　张晓雅　牟筱童

工程规模：建筑面积 252 140m^2

设计阶段：方案设计

委托单位：浙江省能源集团有限公司

浙能滨江科创基地鸟瞰图

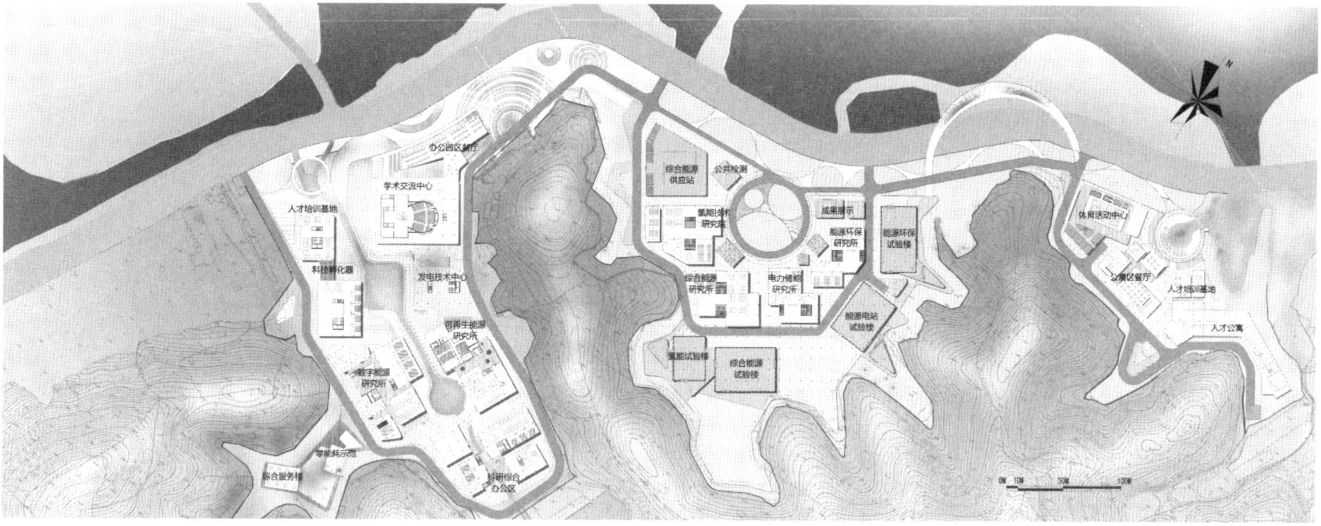

浙能滨江科创基地一层平面图

天府农博科创园建设项目概念性方案设计

TIANFU AGRICULTURAL EXPO AND SCIENCE & INNOVATION PARK PROJECT CONCEPTUAL, SCHEMATIC DESIGNT, SICHUAN

天府农博科创园建设项目位于天府农博园核心区，紧邻城新快速通道和第二绕城高速，规划建设用地东起农博西路，西至原林盘边界，南距成新蒲快速路约 200 米，北至吴林。南北跨长约 500 米，东西约 430 米。方案以川西林盘林田院落的创新演绎为设计理念。设计融合川西匠作与现代品位，保留原乡农田与田野景观，传承民居院落与竹木林盘，营造野趣乡居与品质生活，共构“无界林院，见山在田”的一种诗意田园农创场景。

规划林盘内部由园区共享环联系创新总部区、孵化展示区、专家院落区、农创生活区四大分区，共营新型田林科创生活模式。T 形街道集聚农创活力，营造休闲、创投场景。建筑风貌强调现代品质与传统川西结合；创新总部建筑虚实结合，且与东部农博园视线呼应。专家院落引田入院，成果试验基地联动大田区域。产业孵化与展示基地建筑体现地域性。建筑立面材质结合川西风貌与现代时尚，以小青瓦、竹木板材、钢木、人造石材和毛石为主，汲取川西林盘“外田 – 环水 – 间林 – 内院”的空间特色塑造建筑肌理。

设 计 者：匡晓明　吕圣东　安晓光　姚奇伟　曾舒怀　朱婷婷　黄旻灿　杨祎雯　李纪鸿　吴昊

工程规模：建筑面积 41 197m^2

设计阶段：方案设计

委托单位：成都市新津县国有资产投资经营有限责任公司

鸟瞰图

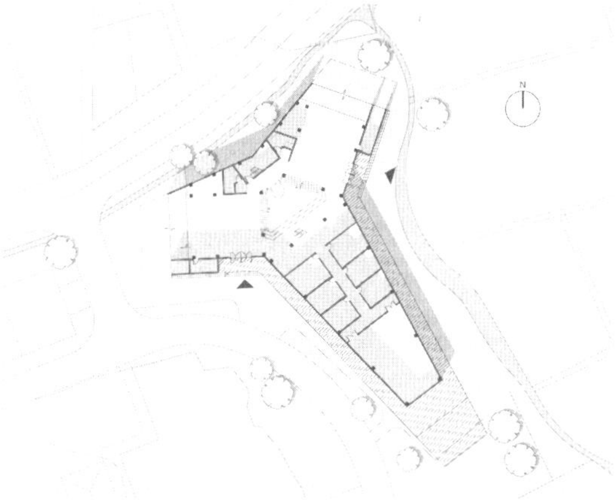

产业孵化与展示基地平面

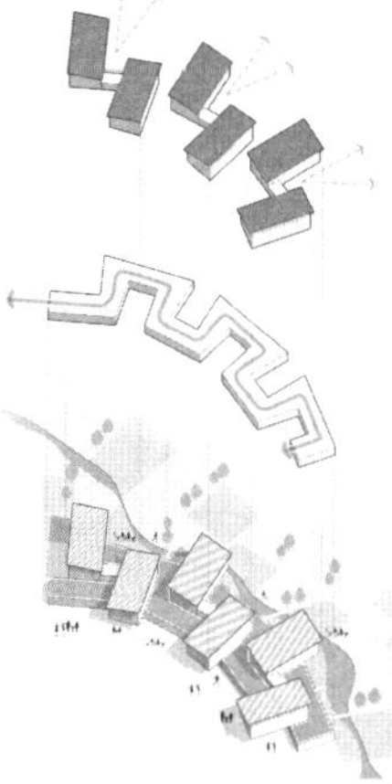
创新总部区空间分析图

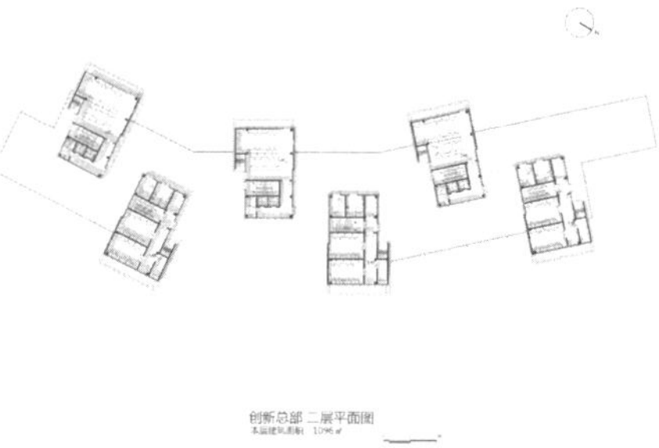

创新总部区二层平面图

眉山市东坡城市湿地公园东区应急救援中心方案设计项目

ARCHITECTURE & LANDSCAPE DESIGN OF DONGPO CITY WETLAND PARK EAST EMERGENCY RESCUE CENTER, MEISHAN, SICHUAN

项目依据眉山市政府及相关部门多方论证，在已建东坡城市湿地公园核心区东区和环岛绿地新增绿地工程北地块内配套建设应急救援设施；并遵循城市设计总体原则，以川西宋式的建筑风貌融入整个东坡湿地公园。救援中心内场地结合消防站使用功能、消防训练功能等与公园地形充分结合，合理布局。场地内设有消防回车场地、消防障碍训练跑道、消防训练塔、后勤生活空间，以及消防知识宣传科普教学园地等功能。

消防救援中心方案设计为多层建筑，层数为地上 2 层，局部半地下 1 层，因此从春晓街一侧有效地消减了建筑的体量，建筑造型采用川西宋式，整体材料采用青瓦、灰色面砖，木、涂料等按照传统建筑的形制进行组合，色彩以暖色调为基调，突出端庄大气的建筑风范。将不同的功能体块利用选址场地的高差，错落结合，景观采用柔性的绿化界面过渡市政道路、消防救援中心、湿地公园三者的高差，在满足消防救援站功能使用的前提下，使功能性建筑风貌整体掩映在公园中，更加自然地与公园的园林景观相融合。设计中不仅考虑自身的功能因素，并且与公园景观环境作为统一的整体考虑，塑造完整的城市空间。

设 计 者：应佳　董晓霞　叶晓婷　詹家伟　廖林　孙颖　陆曦　谢俊　陈海华　王丽　贾林笳　胡玎

工程规模：总用地面积 5909m^2　总建筑面积 2938m^2

设计阶段：方案设计

委托单位：眉山市宏大建设投资有限责任公司

应急救援中心实景嵌入效果图 1

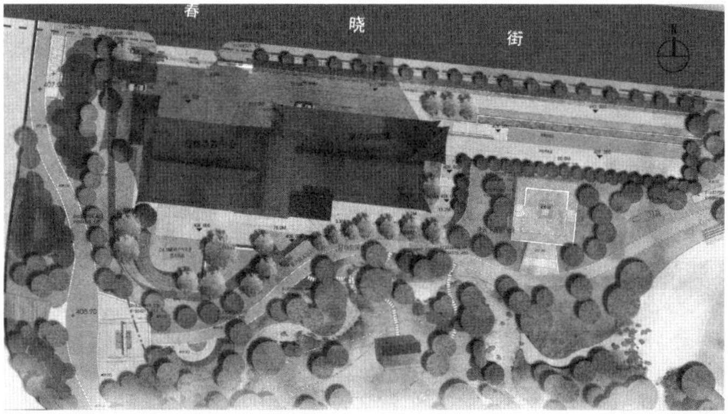

总平面图

应急救援中心实景嵌入效果图 2

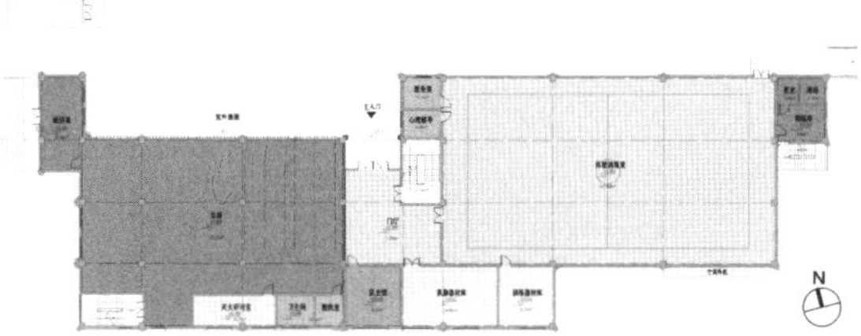

建筑一层平面图

主入口效果图

建筑二层平面图

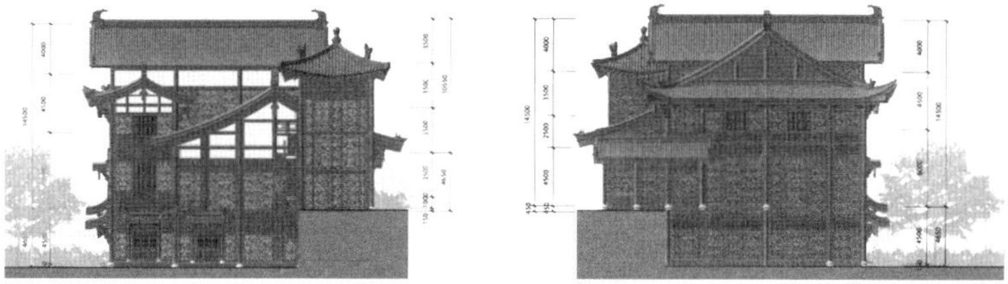

东西立面图

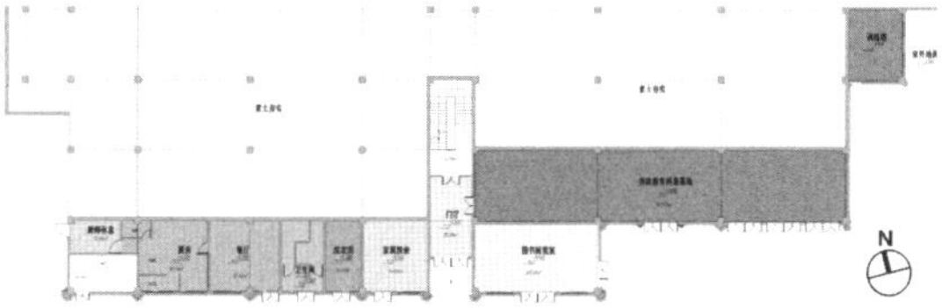

建筑负一层平面图

沿街面效果图

攀爬塔训练道效果图

消防知识宣传园

上海市新华路 315 号优秀历史建筑装修（修缮）工程

PRESERVED BUILDING RENOVATION (REPAIR) PROJECT AT NO. 315 XINHUA ROAD, SHANGHAI

项目位于上海市新华路历史文化风貌区内。该区域以花园住宅为特色，其中315号住宅始建于1948年，建筑师王迈士。建筑为三层的花园别墅，主楼具有典型的英国式都铎复兴风格。建筑为长宁区文物保护点、上海市人民政府批准公布的第二批优秀历史建筑，保护类别为三类。房屋曾经的主人是清末洋务运动领袖人物盛宣怀之子盛重颐，上海解放后，这幢花园住宅曾被用作上海市第一商业局疗养所，后为长江经济联合发展（集团）股份有限公司的办公楼，本次仍按照办公建筑进行修缮。

建筑整体保存情况外立面较好，建筑为砖木结构，屋顶采用的是双陡坡红瓦形式。外墙立面上部是白色水泥拉毛墙面，下部则为清水红砖墙；建筑的南立面、山墙上露出黑色的木构架。工程严格遵循真实性原则、整体性原则、可逆性原则、可识别性原则、最小干预原则，根据历史照片、文献、图纸资料及现状分析，在不扰动建筑结构体系的基础上，对结构进行必要的整修与加固。整体保留保护建筑立面格局样式，修缮复原设计建筑立面。并对建筑室内旋转楼梯、壁炉、三角屋架等重点部位进行保护。结合整治梳理、设备更新等举措，消除建筑安全隐患，保持建筑历史风貌，并满足新的使用需求。

设 计 者：常青　王红军　吴雨航　林笑涵　刘瀛泽　陈海翔　徐钟骏　徐晓明　张栋　谢子涵　朱啸宁　冯子亭　赵迪　马婕
工程规模：建筑面积 1592m²
设计阶段：方案设计、施工图设计
委托单位：上海煜璞贸易有限公司

整体鸟瞰图

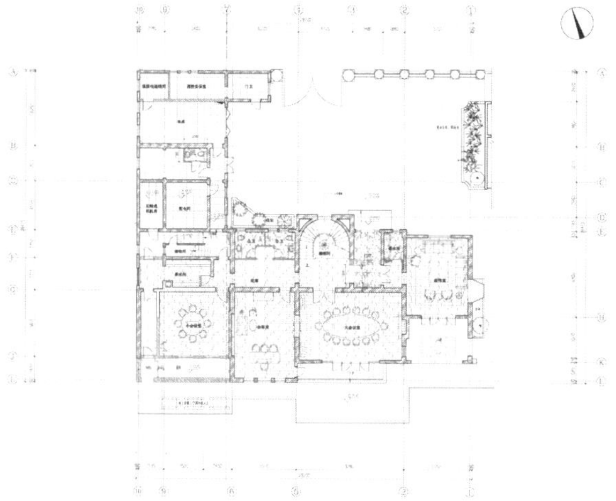

一层平面图

北立面修缮效果图

南立面修缮效果图

福州中洲岛再生设计方案

ZHONGZHOU ISLAND REGENERATION DESIGN, FUZHOU, FUJIAN

福州中洲岛是北宋末年形成的闽江淤沙岛，是古来以各种桥梁连接南北两岸的水中驿站，也是今日仓山和台江两区往来的交通枢纽，更是福州人城市历史记忆的心理地标。尽管经过 900 年的沧桑演变，岛上历史景观早已荡然无存，20 年前形成的“欧陆风”建筑群也只剩下了凋敝的躯壳，但中洲岛本身的文化地理和城市运行价值并未改变，依然有望借助再生创意设计，在延续历史，正视现实和再创未来中获得复兴。

本设计的追求目标和实际作用有三个要点：其一，为已获成功的“闽江之心”项目持续推进“点睛”；其二，为福州市的城市更新添加“触媒”；其三，为仓、台两区的经济社会振兴提供可持续的文化驱动力。本设计的价值取向和策略选择有两个要点：其一，传扬“新旧共生、和而不同”的城市更新理念；其二，践行“留”“改”“拆”“拼”并举的再生设计策略。这两个要点，与当下国家高层倡导的“守正创新”方针，即“守正不守旧，尊古不复古”也高度吻合。

本设计从现状和需求出发，对岛东部的 5 万多平方米的“欧陆风”建筑做了整体保留，对其外观和内部的功能、空间、结构和造型，进行改良提质的整饬再生设计，形成了三路新的门厅、中庭、拱顶、商铺和走秀空间布局和文化消费场所，并对原来走样的西式历史风格外观做了优化调整设计。将东部“欧陆风”建筑和解放大桥的核心元素“拱形”作为原型，塑造了现代半圆拱形的西部创意建筑，包括拱形的百米吧廊平面、曲面和直面拱的落地门窗，与东部建筑相互拱卫拼贴之势；又以大桥过岛道路上部的梁板，在西部新建筑与东部保留建筑之间形成了一体的大型市民文化休闲广场，实现了人车、流在动线上的立体分行，塑造出了“观演秀”“灯光秀”“烟花秀”和“水秀”的“四秀”场景和阅江“大观台”。

设 计 者：常青　张鹏　刘伟　王红军　刘瀛泽　吴雨航　马松瑞　张子仪　何渝丰　杨尚璇　徐瑞彤　李楷然

工程规模：建筑面积 52 000m^2

设计阶段：方案设计

委托单位：福州市城乡建总集团有限公司

整体鸟瞰图

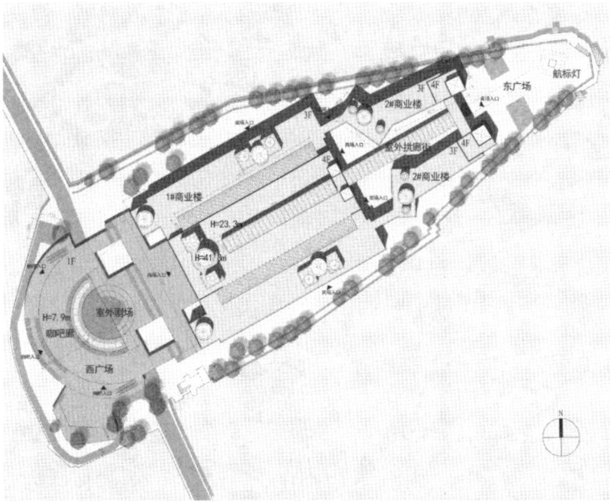

总平面图

百米吧廊室内效果

江面效果图

上海明华糖厂沿江仓库改造项目

RENOVATION OF MING HUA SUGAR FACTORY , SHANGHAI

上海化工厂前身为 1924 年日商开办的明华糖厂，由日本冈野建筑事务所设计，在 20 世纪 30 年代和 80 年代经历了多次修建、改造，直至 2010 年搬离。在拆除过程中，于精糖仓库南侧加建的 2 层建筑被保留了下来——即现存的杨树浦路 1500 号厂房。它带着一身的时光痕迹和近百年的历史厚度，静静地立于黄浦江畔。如今保留的 2 层建筑体量占原明华糖厂仓库的四分之一，其余部分由于历史价值不高且形制混乱而被拆除。

建筑西侧与南侧的界面采用“修旧如旧”的改造方式：在保留 30 年代原有仓库钢筋混凝土厚实墙体形制的同时，精心修复了极具历史特征的南侧门窗木框和西侧排风扇。而作为“呼吸气口”的东侧二层与北侧界面均设置落地玻璃窗，在充分展现原有建筑内部柱脚加腋、轻钢桁架等特征构件的同时，优化建筑与周边环境的交互关系。建筑北侧界面在原隔墙拆除后形成悬挑灰空间，落地玻璃窗轻盈低调地藏于后方，显现出独特的空间断面。为强化其特征，我们在原内部楼梯的位置新置入了轻盈的悬索楼梯，一路延伸至屋顶架设的“漂浮”人行廊道，从而形成公共开放的绝佳望江平台。

新建屋面采用缎面阳极氧化铝，同原有建筑墙顶脱离，浮于结构加固后的原有屋面顶板之上。采光井道结合原有屋面通风井的位置进行设置，改善底层采光。重重新旧对比之下，形成了充满张力的建筑形态。这不是单一的历史回溯，而是很多年代之间“旧”与“新”的并置。

设 计 者：章明　张姿　秦曙　李雪峰　羊青园
工程规模：建筑面积 1400m^2
设计阶段：方案设计、初步设计、施工图设计
委托单位：上海杨浦滨江投资开发有限公司

鸟瞰图

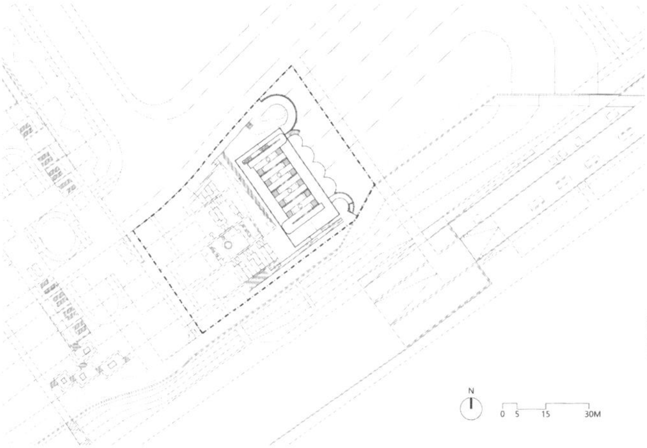

总平面图

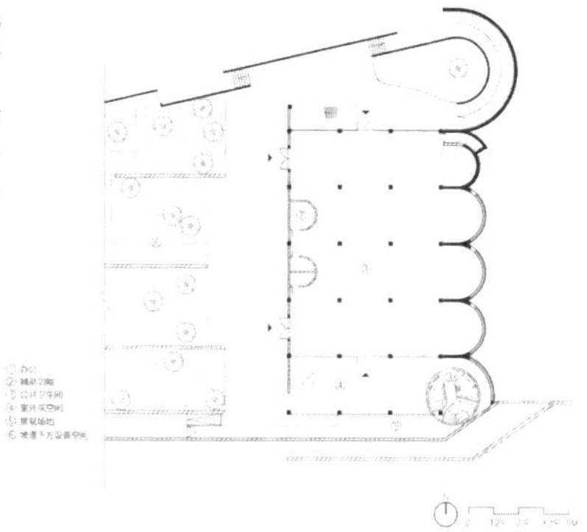

首层平面

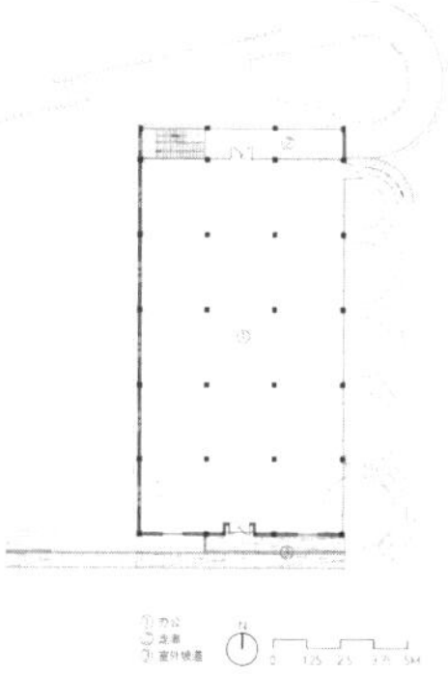

二层平面

上海微型电机厂改造项目

SHANGHAI MICRO MOTOR FACTORY RENOVATION PROJECT, SHANGHAI

项目位于浦东新区“金色中环发展带”沿线，临近前滩中央活动区与新杨思地块两大先行区，紧邻轨道交通杨思站。恒大纱厂旧址厂房整体沿河分布，厂区东侧为杨思港，厂区建筑基本呈现坐北朝南的排列形式，其中留存的 2 幢厂房、2 幢办公楼和 1 幢大礼堂据考证为中华人民共和国成立前已存建筑。

设计通过梳理现有厂区道路轴线、文保建筑历史轴线，打通园区整体脉络；在两轴之间植入公共活力轴，并与既有轴线形成鱼骨状链接，活化园区既有空间。结合产业策划，以商业、文创、办公等崭新业态焕发园区活力。通过建筑、业态、公共场所、景观等要素的多元叠加，以复合活化体系激活园区氛围。

脉络疏通：架构漫游体系，疏通街区脉络，使其成为更具吸引力的城市开放空间。

社区引领：引入社区活动，整合历史建筑，强化活力空间与公共服务的融通互动。

街区复兴：开放封闭社区，打造文创地标，激发街区功能升级和品质提升。

打造“消除时间界限、空间界限、产业界限、人群界限的无界空间・新象限”。

设 计 者：章明　张姿　肖镭　潘思　黄晓倩　费利菊　陆星辰　陶倩倩　林敏薇　濮文睿

工程规模：建筑面积 44 035m^2

设计阶段：方案设计、初步设计、施工图设计

委托单位：上海三鑫华林企业发展有限公司

夜景鸟瞰图

日景鸟瞰图

向史而新的室内空间

滨水广场及金属仓库效果图

营销中心效果图

长三角可持续发展研究院改造设计（一期）

THE RENOVATION DESIGN PROJECT OF YANGTZE RIVER DELTA INSTITUTE FOR SUSTAINABLE DEVELOPMENT (PHASE Ⅰ), SHANGHAI

项目位于上海市青浦区金商公路708号，涉及4幢现状建筑物及其周边环境。改造的设计目标是：保留江南民居的传统风貌，体现绿色低碳理念。

在改造中，突出低碳、文化、智慧、创意、经济五方面的原则，即：采用前沿绿色技术，凸显双碳发展的战略目标；保留江南民居特色，体现现状建筑的特有内涵；采用智能科技，使新技术与建筑改造深度融合；采取具有新意的改造策略，提升空间环境品质；严格控制造价，体现实用经济美观的建设方针。

设计中，在保持与恢复风貌、功能置换与空间优化方面进行了探索，在节能与减少碳排放量方面尤其进行了诸多尝试，如：优化了现状围护结构，使用低碳环保材料，注重利用可再生能源，关注资源节约与再利用，在植物固碳、装配化技术、智能化监测和控制方面也进行了尝试。

改造完工后，受到各方的好评，社会反响很好。

设 计 者：陈易　丁悦　傅宇昕　张晏寿　张冬卿　周向频　闫红丽　方涛　沈冰清

工程规模：建筑面积1402m^2（4幢建筑物）

设计阶段：方案设计、施工图设计

委托单位：同济大学

鸟瞰图

1 号楼平面

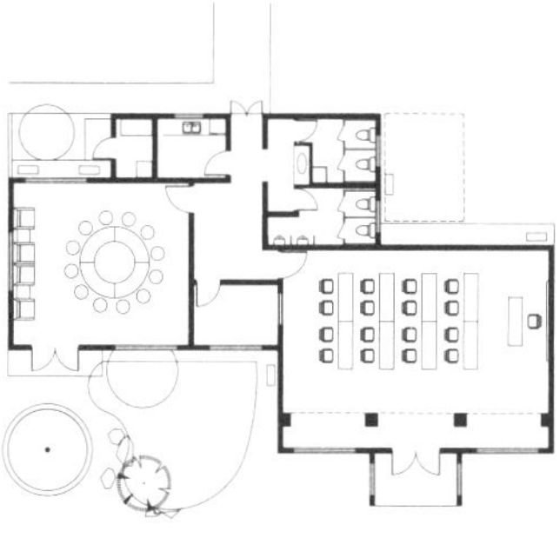

3 号楼平面

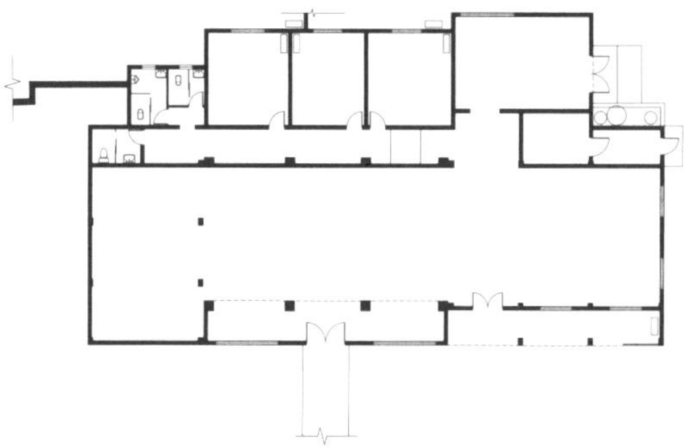

4 号楼平面

黄浦江杨浦大桥水质自动监测站改造工程

HUANGPU RIVER YANGPU BRIDGE WATER-QUALITY INSPECTION STATION RENOVATION PROJECT, SHANGHAI

项目临近黄浦江杨浦滨江段，周边包括多栋历史建筑，北侧为历史保护建筑三新纱厂，东侧为历史保护建筑电站辅机厂，西侧为新改建的党群服务站，是处于丰富的工业遗产建筑群中小建筑。

原有建筑地上为废弃多年的监测站站房，地面建筑为 5 米长、12 米宽的站房，周边为败落的院落和景观树池；地下为废弃的污水处理池，原有结构保留完整，包括集水池、污泥池、二尺池等，地下建筑形成一个地下混凝土合体架构，面积约 380 平方米。设计在挖掘保留场地与建筑历史印记的同时，赋予其新的功能与创新绿色技术，旨在建造一个“净零碳水质监测站”，通过整合性的主动、被动技术和全程计算来达到设计目标。其中最大的挑战是通过“热力学技术”与“光储氢微网系统”实现能源自给自足的净零碳目标。

设 计 者：李麟学　周凯锋　孔明姝　刘旸　何润
工程规模：建筑面积 445m²
设计阶段：方案设计、初步设计、施工图设计
委托单位：上海市杨浦区生态环境局

整体鸟瞰图

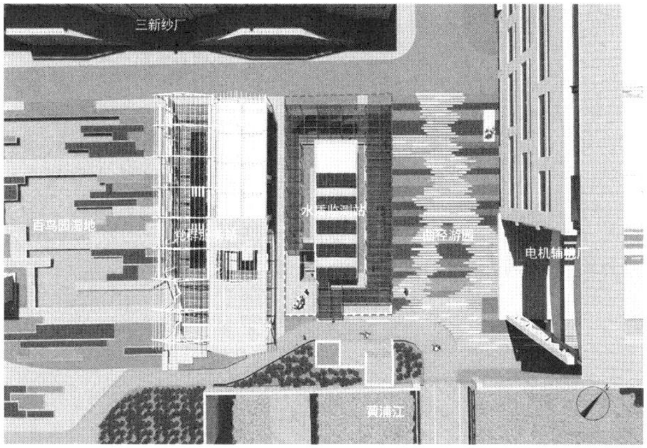

总平面图

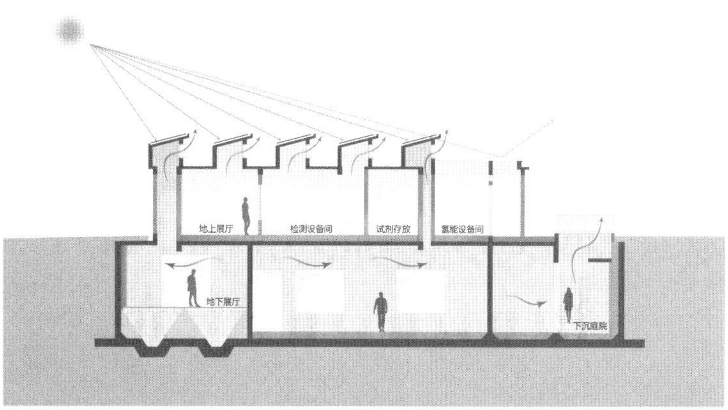

剖面分析图

人视图

何陋轩保护修缮工程

PROTECTION AND RECONSTRUCTION OF HELOU PAVILION TEAHOUSE, SHANGHAI

何陋轩位于上海市松江区中山东路 235 号上海方塔园内东南角，包括主体部分竹厅和辅房茶厨，以及散布周边的弧墙。1986 年建成，2018 年被评定为严重损坏房。2021 年 6 月由上海方塔园申请，经上海市文物局批准立项，对何陋轩进行全方位的保护修缮工作。经专家研讨，由于建成年代久远、初次施工蓝图不够细致且经历数次整修加固，最终确定的修缮样本是：平面保留现状，并尽可能保护现有地砖，竖直方向以原始蓝图的尺寸框架为基础，结合扫描数据重新绘制施工图；部分弧墙修补；茶厨拆除后加体量并按原始施工图恢复原状。

保护修缮实施方案：（1）草顶按照原始蓝图，恢复正脊弧线，采用传统工艺铺设 0.3 米厚黄茅草，在茅草与防水层之间留足空间以沥水，采用高分子防水卷材；（2）竹构屋架去除后加斜撑，严格按照原整体结构和榫卯加绑扎的节点构造方式进行逐品修缮，品质较好的杆件原位留用；（3）对铺地方砖进行逐块研判，可留尽留，必须替换的按照原规格替换；（4）吧台进行重新设计，满足当下使用功能需求；（5）茶厨拆除历年加建部分，按照原始施工图恢复原状；（6）对现有弧墙基于结构检测采取修补或重建策略，并按照原设计意图进行刷白或涂黑，依据原始蓝图的定位与尺寸，恢复何陋轩南侧河对岸的两片弧墙；（7）在现状基础上，对何陋轩周边景观进行优化梳理；（8）室内灯具按照原设计并换装 LED 灯管，室外增加部分泛光照明，厅内家具沿用竹藤椅和木制茶台。

设 计 者：黄一如　徐甘　李俊达　潘文仙　张书略　杨润宇　佟帅　何逸伦　徐艺桐　窦心镜
工程规模：建筑面积 284m^2
设计阶段：方案设计、扩初设计、施工图设计
委托单位：上海方塔园

航拍

冯纪忠先生与何陋轩（1980s）

何陋轩（修缮前）

南檐口

总平面图

内部竹构

草顶山面

对岸远望

浦东新区海沈村乡村改造建筑设计

RURAL RENOVATION BUILDING DESIGN OF HAISHEN VILLAGE IN PUDONG NEW AREA, SHANGHAI

提升乡居风貌，是乡村振兴工作的重要环节。设计采取了保留民居形制，延续特征的策略，对部分民居进行了改造和再利用，以下为两个典型案例。通过对公共建筑的打造，进一步促进了海沈村形成农业景观与观光旅游相融合的新颖模式，实现村民、企业、创客、政府的多方共赢。

农业学大寨改造设计：海沈村倪家宅路上尚存一栋“农业学人寨”时期的旧仓库，是这段特殊历史的珍贵物质载体。仓库屋顶结构为三联砖拱券，主要墙体为空斗墙。体现了20世纪五六十年代典型的工艺，内部空间呈现出特有的氛围。仓库后来曾被用于作猪圈，几经改建，留存至今。团队经过现场考察，决定将其改造为村落的公共餐厅和展览空间。建筑原有结构已残破不堪，新的设计保留了原有红砖拱券结构和空斗墙，并结合新型延性混凝土加固技术，确保其安全。同时结合新功能，将原本的结构材料暴露在新的空间中，借此形成独具魅力的空间特质。

海沈村村史馆设计：倪家宅路上尚存一栋三合院传统民宅，主屋歇山顶，屋脊起翘明显，带有上海周边传统农宅的典型特征。在后续使用中，三合院沿街一翼已经不存。团队对建筑进行了精细的测绘勘察，进而对老屋进行了悉心保护和局部改造，将其作为村史馆，通过一系列展示和活动功能的注入，使其焕发新生。其一，设计补全缺损的一侧体量，完善其形制，并在沿街一侧通过开放的侧廊塑造出村史馆的前导空间。其二，通过对既有建筑的测绘勘察，以及对当地传统民宅的研究，恢复了其缺损的典型要素。其三，设计通过对室内外环境的悉心整饬，综合提升了场所环境，为新的活动和业态提供了适宜的空间基础。

设 计 者：常青　王红军　林晓丹　崔梓祥　张子仪　刘瀛泽　谢子涵　黄佳彦　周婧　赵迪　梁峰　欧阳利军　苗壮　刘毓多　张巍　贾林　姜莹

工程规模：村史馆建筑面积243.87m^2　农业学大寨建筑面积450.57m^2

设计阶段：方案设计、施工图设计

委托单位：上海市浦东新区惠南镇人民政府

村史馆改造后实景

村史馆改造前

村史馆改造后

农业学大寨改造前

农业学大寨改造后室内效果图

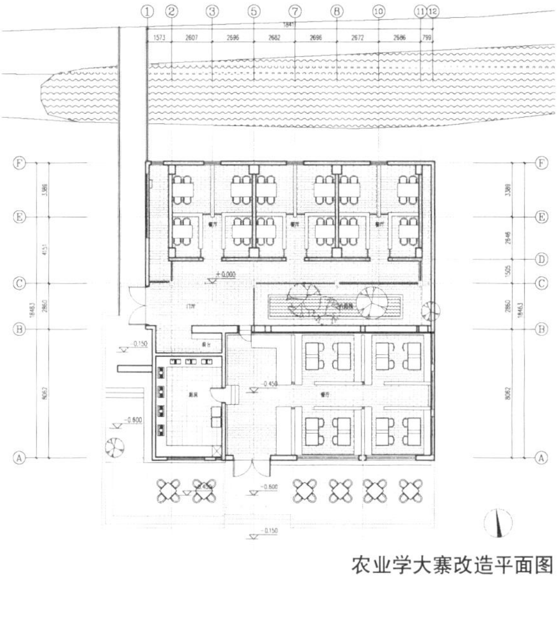
农业学大寨改造平面图

农业学大寨改造后效果图

上海市武夷路城市有机更新启动项目

WUYI ROAD URBAN ORGANIC RENEWAL LAUNCH PROJECT, SHANGHAI

项目位于上海市长宁区武夷路 320 及 333 弄。原址在列强侵华时期的“公共租界”边缘，这造就了该区域多元层叠的历史记忆和城市肌理，同时也造成了复合的人群构成：既有比例不小的老年人口，也有不少新兴的办公人群。在对场地历史背景、人口结构、地块权属、使用功能深入调研的基础上我们提出了力求时间与空间无缝衔接的渐进式更新计划，具体包括：以历史叠合为前提的建筑风貌改造、以社区共享为出发点的公共空间营造、以多元共荣为目标的复合功能引导等更新策略。

设计完成了武夷路核心街区（占地 18 公顷）渐进式城市更新指引；武夷路 320 地块改扩建工程（用地面积 5722 平方米，建筑面积 5985 平方米）由概念方案至初步设计以及全过程咨询的工作；并完成了武夷路 333 地块特殊类装修工程（用地面积 2950 平方米，建筑面积 3342 平方米）由概念方案至施工图的全过程设计工作。总计参与完成了 1.8 公顷城市更新指引 8672 平方米场地景观设计、9327 平方米建筑更新改造设计。在经历近 3 年的设计历程后，实现了历史记忆的留存、街区经济效益与社会效益的双赢，并且实现了策划、设计、运营的高度统一，在既有城区环境再生、历史遗存保护建构文化研究等方面作出了卓有成效的尝试和创新。

设 计 者：章明　张姿　秦曙　苏婷　李雪峰　羊青园　李晶晶

工程规模：建筑面积 9327m^2

设计阶段：方案设计、扩初设计、施工图设计

委托单位：上海新长宁（集团）有限公司

鸟瞰图

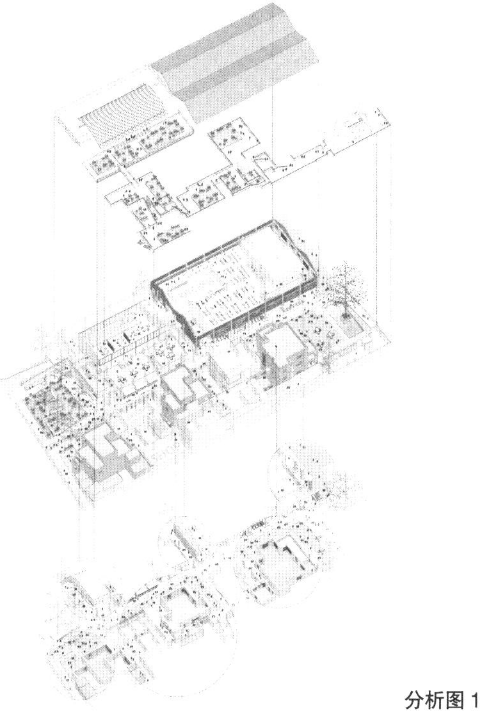

分析图 1

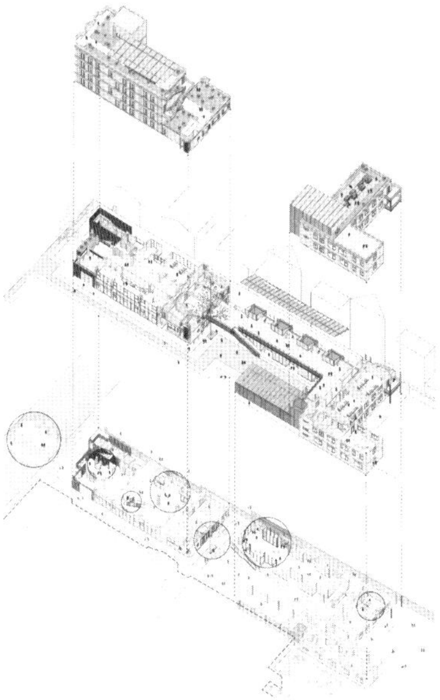

分析图 2

江西余江区柴集巷历史街区更新

JIANGXI YUJIANG DISTRICT CHAIJI LANE HISTORIC BLOCK RENEWAL, JIANGXI

余江区柴集巷历史街区面临着中国大量普通小城镇历史地段更新中共同的问题：如何在区位条件、人口规模、财政支撑及文化本底等资源有限的境遇中，通过优化存量土地、挖掘空间资源、激发空间活力、提升地段价值？

更新摒弃了“大拆大建”的布景式文旅开发模式，而采用“渐进式有机更新”方式，着力通过公共空间活力的复兴来打造以居民日常生活为主、文旅休闲为辅的生活性传统历史街区。

设计遵从原有街巷肌理，尽量保留现有产权关系，就地安置原有住户，采用强化公共属性、提升物理环境、挖掘历史文化、丰富日常行为的公共空间设计策略，构建新的历史地段公共空间体系。

核心区设计在保留历史建筑天主堂的前提下，以市集广场为核心，采用立体复合的方式将市集商业、文化宗教、社区活动、安置居住、停车服务等功能整合起来，形成体现日常烟火气和活力混合的当代街巷。

设 计 者：陈强　覃缘　王佳琪
工程规模：建筑面积 90 000m^2
设计阶段：方案设计
委托单位：余江区建设局

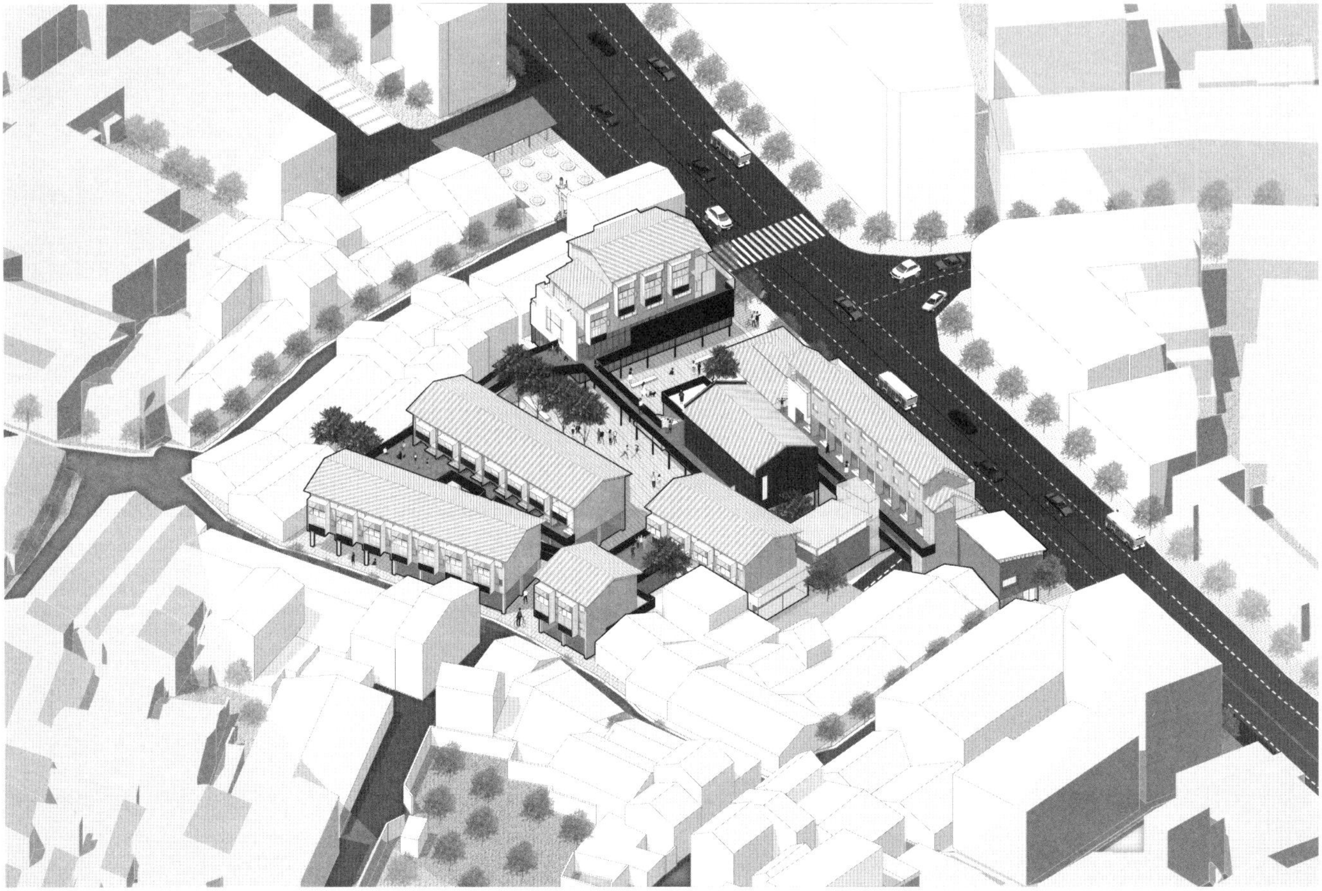

轴测图

场景融合图

主入口广场透视图

街巷内景透视图

模型图

抚州市东临新区秋塘古村落及业态提升改造工程

QIUTANG ANCIENT VILLAGE AND BUSINESS TRANSFORMATION PROJECT IN DONGLIN NEW AREA, FUZHOU CITY

项目为东临新区秋塘古村落及业态提升改造，总用地面积约 2.6 公顷，包括秋塘古村落用地及游客中心停车场用地。总建筑面积约 4500 平方米，其中：改造建筑面积约 2000 平方米、新建建筑面积约 2500 平方米，包括戏台、农夫市集、手工作坊、纪念品商店、红色文化展示馆、游客服务中心及民俗商业等。

项目主要由 9 栋明清古民居修缮复原，以及 6 栋新建民居组成。修缮民居面积约为 2129 平方米，新建仿古建筑约为 2223 平方米，作为游客中心，国学展示馆、小型文化馆、小型博物馆、非遗手工馆等功能组成。总建筑面积约为 4352 平方米。

以市场环境和基地资源条件综合判断，秋塘适宜发展文化创意、创新创业、旅游休闲、文美培训等功能，释放人们日渐增长的消费能力和休闲需求，同时凸显抚州城市文化特质。

凭借东临新区优越的区位优势及深厚的人文科教资源，注入“创意商业 + 文创社区”、“自然生态 + 休闲旅居”，全方位打造抚州市活力时尚新地标，塑造东临新区枢纽门户区域的文化艺创集聚展示区。

设 计 者：边克举　尹宏德　李欢勷　曹凯宁　李俊钞
工程规模：占地面积 3.28hm^2　建筑面积 4890m^2
设计阶段：建筑设计、景观设计、施工图设计
建设单位：抚州东临市政工程有限公司

整体鸟瞰图

总平面图

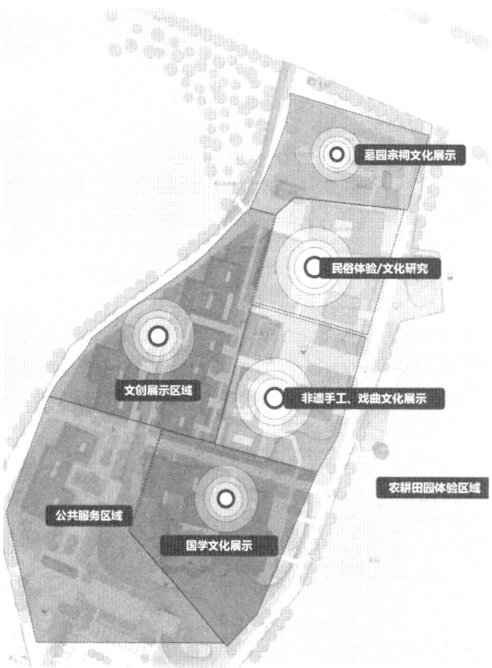

公共空间分析图

人视图

贞丰县新型城镇化水井街片区城市更新项目

NEW URBANIZATION AND URBAN RENEWAL PROJECT OF SHUIJING STREET AREA, GUIZHOU

项目为贵州省城市更新的省级试点项目，包含从项目城市更新总体策略到具体地块规划设计、建筑设计等一系列的工作。对贵州省的以人为核心的新型城镇化工作具有重要现实意义，探索适合县级城市高质量发展的新路径，和当地建设管理部门一同打造成具有良好示范效应的城市更新项目，建立可推广的城市更新规划和建筑设计样板、实施管理模式等，完善城市功能、提升城旅品质，服务人民群众。

项目特色：1. 深查现状，甄选重点：重点关注背街小巷、公共设施、社区环境等民生设施的现状，选择更新、修缮、改造以及营造优化等措施进一步提质升级民生环境。2. 精准定位，关注民生：设计从人民城市的初心出发，力求通过水井街片区的更新来塑造有记忆、有温度、有烟火气的活力“城心”，服务贞丰市民，打造新时期下城市更新的示范样板。3. 特色城脉，融合共享：立于城市全局角度，区域化统筹，主动和周边融合，打造一轴两带联系城区和古城。4. 人行空间，街巷记忆：针对商业和居住不同空间特征，以历史街巷空间、肌理为依据，对新空间和肌理进行创新的同时保证原有的历史交通生态特色；5. 烟火街巷，活力图景：构建“街巷院”多层次空间系统，疏通社区交往的脉络，作为城市活力的发生器，通过“一街一景一特色”复兴小城烟火气息；6. 古韵新风，贞丰印象：从布依古城，提炼地域建筑文化符号。通过屋顶、山墙、窗、材料和色彩，延续传统、体现贞丰自古韵味和建筑美学。

设 计 者：江浩波　王立颖　王建华　任翔　朱海峰　邱俊雅　刘佳卉
工程规模：占地面积 14.76hm^2　建筑面积 279 300m^2
设计阶段：方案设计
委托单位：贵州金宇实业投资有限公司

总体鸟瞰图

总平面图

夜景效果图

古镇湖区效果图

入口广场（东）效果图

水井巷效果图

入口广场（西）效果图

金海街道金水苑片区旧住房修缮工程

OLD HOUSING REPAIR PROJECT IN JINSHUIYUAN AREA OF JINHAI STREET, SHANGHAI

项目位于上海市奉贤区中心区域。金水苑和金水新苑两个小区分别建于 21 世纪初，包括 101 栋楼，277 个单元，约 3500 户居民，其中一半为动迁住宅，一半为商品住宅。现状小区屋面损坏较多，墙体涂料存在多处剥落、普遍漏水的现象，配套设施也严重老化。居民的呼声是既要不影响生活，又希望社区有焕然一新的面貌，展现多姿多彩的生活。

1. 居住区整体色彩规划

社区整体色彩设计同时应用了色彩的对比和调和手法，住宅部分采用了红、蓝、橙、绿四个色相，按区位特征附一不同色彩，重新划分组团。

2. 住宅单体色彩对比

住宅单体色彩设计以基座的暖灰色面砖为基础色，各组团分别以红、蓝、绿、橙的单色相墙面真石漆为主体色，以白色灰色的线脚真石漆为活跃色，利用明度对比、彩度对比、色相对比完成色彩对比设计。

3. 住宅单体色彩调和

住宅建筑采用单体色彩调和的模式，以暖灰色为基础色，以红、蓝、绿、橙为主体色，以白色灰色为活跃色进行色彩调和，达到色彩协调统一，又特征鲜明的目的。在建筑设计中主要采用同一色相调和、面积调和、分割调和三个手法。

设 计 者：李振宇　成立　徐旸　肖国文　孙楠　陈曦　黄嘉璐
工程规模：改造面积 425 342m^2
设计阶段：方案设计
委托单位：上海城申置业有限公司

整体鸟瞰图

社区大门效果图（金色）

单体实景照片（红色）

庭院连廊效果图（绿色）

单体实景照片（绿色）

沿金汇港效果图（橙色）

西安市秦汉大道控制区域开发项目

DEVELOPMENT PROJECT OF QINHAN AVENUE CONTROLLED AREA IN LINTONG DISTRICT, SHAANXI

项目位于国家级文保单位秦始皇陵西侧（非保护控制区内）和临潼老城区北侧。规划着眼于临潼区“景政分离、景城一体”的重要特征，将项目建设和城市发展的导向进行结合，提出两个层次的研究对象，并制定不同策略。

规划亮点与创新：一是片区开发中城市设计的价值发掘，规划实现了对资源的整合利用，将骊山、秦皇陵、兵马俑、华清池等周边资源在片区开发内进行“借力”，发掘片区开发的主旨和亮点。在空间特征的营造上，规划将片区和周边资源在空间上形成强联结，在平面规划布局和建筑上充分体现地域文化特征。在亮点项目的策划上，充分利用“御温泉”“秦文化”等品牌，形成能够激发片区开发的亮点性项目。

二是强地域文化特征下的规划“联结”方法，体现在物质空间和非物质空间两个层面。在物质空间的联结层面，体现在规划在不同体系和不同区域层面都力图和片区开发中最重要的空间要素——秦皇陵发生联结，在城市格局、道路交通、城市轴线视廊和建筑风貌都做到了强联系。非物质空间的联结层面，规划通过项目品牌形象定位、业态策划、主要道路命名等方面都和地域文化发生关系，强化了非物质的联结。

设 计 者：江浩波　翁晓龙　仇东　唐进　郑红玫　周超　董先　李梦颖　颉泽天
工程规模：占地面积 371hm^2　建筑面积 295.65 万 m^2
设计阶段：方案设计
委托单位：西安市临潼区融泽城市开发建设有限公司

总体鸟瞰图

总平面图

节点效果图 1

节点效果图 2

秦汉大道鸟瞰图

杭州市江海之城城市设计

THE URBAN DESIGN OF JIANGHAI CITY IN QIANGTANG DISTRICT, HANGZHOU CITY, ZHEJIANG

江海之城位于杭州市钱塘区江东片区，东临高铁新城，北至江东一路、南至钱塘快速路、西至河庄大道、东至头蓬快速路，城市设计总用地面积 24.5 平方公里。规划依托轨交优势构建“城园共生串珠组团”的空间模式，形成“轴线串珠组合筑心、六组环附绿网融城”的整体规划结构；以“江海公园城”为设计主题，并确定“湾区创智新门户、杭东城市副中心、钱塘品质公园城”的功能定位。

江海之城以轨交 8 号线和江东大道为主心骨，结合青六中路站等轨交三站为中心，构建核心区域交通网络。同时，结合钱塘高铁门户导流延展，塑造“门、廊、厅、园”共构的 TOD 链接，共筑江海之城的创新走廊与魅力开放空间。江海共生园设置开放活力湾、共享文化洲和宜居休闲岸三大主题片区，重现潮涌生态活力。围绕交通核心区，打造低碳、数字等六个主题的未来社区，每个社区将完善教育、文化、医疗等基础公共设施布局。依托青六中路站构建商务总部坊、江海共享园和韧性生态廊，同时强调人本视角和近地尺度，构建高强度下的近地空间活力网络，打造兼顾未来感与烟火气的钱塘魅力客厅。

设 计 者：匡晓明　安晓光　陈亚斌　姚奇伟　朱婷婷　韩栋　李纪鸿

工程规模：规划范围 24.5hm^2

设计阶段：方案设计

委托单位：杭州市规划和自然资源局钱塘分局、杭州钱塘新区建设投资集团有限公司

鸟瞰图

地标建筑簇群

钱塘 CBP

江海帆

水云波

朝阳台

高线云廊

杭州市钱江新城二期产业总部核心区城市设计

URBAN DESIGN OF THE CORE AREA OF INDUSTRIAL HEADQUARTERS IN QIANJIANG NEW CITY PHASE II, HANGZHOU, ZHEJIANG

杭州市钱江新城二期产业总部核心区是钱江新城一期北沿江功能区，也是江北片区的最后一块拼图。我们提出“超链聚城－国际江湾”的设计理念，构建功能链、街区链、活力链、文化链、低碳链“五链聚合”的设计策略。

功能链：合理布局产业发展组团，聚焦总部经济，构建总部产业生态圈。

街区链：摒弃塔楼＋裙房的传统模式，通过围合空间、街心广场、街道、交往空间的尺度控制，塑造具有人性尺度的活力街区。

活力链：结合轨交站点、下沉广场、连堡丰城地下工程、首层商街、二层创享走廊，塑造多维立体、无界互联的城市空间。

文化链：结合海塘遗存进行多种手段的保护利用，将海塘文化与体育休闲、文化艺术功能相结合，打造世界级滨水活力带。

低碳链：通过优化建筑的规划布局以及各类新能源及先进低碳技术的应用，打造低碳绿色的智慧新城。

通过以上五链，集聚国际化总部，打造一个未来产业与人才的“国际江湾”。

设 计 者：李麟学　刘旸　焦岩　郭乾立　李岚　张政远　吴雨末

工程规模：建筑面积 2 531 816m^2

设计阶段：城市设计

委托单位：杭州市城市建设投资集团有限公司

整体鸟瞰图

模型照片

人视效果图

鸟瞰效果图

乐清市滨江大道沿线整体风貌规划及节点城市设计

YUEQING BINJIANG AVENUE ALONG THE OVERALL FUTURE PLANNING AND URBAN DESIGN, ZHEJIANG

项目位于浙江省乐清市东部乐清湾区，作为浙江省“大湾区大花园大通道大都市区”建设的重要环节，乐清湾作为“大湾区”的重要组成部分，既是生产功能进一步发展及智能化升级的基底，也是未来城市生活的所在地。

城市设计概念一：山海对话，建立乐清城内诸山脉与滨海带之间的空间联系，实现风、水和林地的走廊。

城市设计概念二：水网纵横，保留江南城市特有的水系脉络，延续生活和生产的空间叙事。

城市设计概念三：时空共存，保留和改造部分工业遗产和村镇，融入新的城市肌理和城市生活。

城市设计概念四：紧凑发展，以七个核心节点为中心构建滨海城市发展体系，加强核心，控制发展边界。

核心区作为未来发展的起步区和核心城市活动场所，凝聚了商务、公共服务、商业、文化、娱乐、教育、居住社区等多样功能，将打造成为具有乐清地域特色的国际化宜居城区，以步行系统和公共空间体系打造具有丰富多彩城市生活场所的胜地。城市设计提出“共生”概念： 生态和城市的共生，新和旧的共生，经济和生活的共生。规划结构： 三区三核，水网贯穿；用地规划：小街块基础上的就地和就近混合 ；交通规划：强化公共交通、过境干道下穿、窄街密路等措施综合应用。景观系统：以水网连接各区活力核心，并留存沿线村镇、工业遗产和特色景观。节点和路径连接成网，与水系和景点相互穿插。

设 计 者：孙彤宇　许凯

工程规模：总用地面积：6.6hm^2，总建筑面积：900 万 m^2

设计阶段：城市设计概念方案

委托单位：浙江省乐清市人民政府

核心区商务组团鸟瞰图

总体鸟瞰图

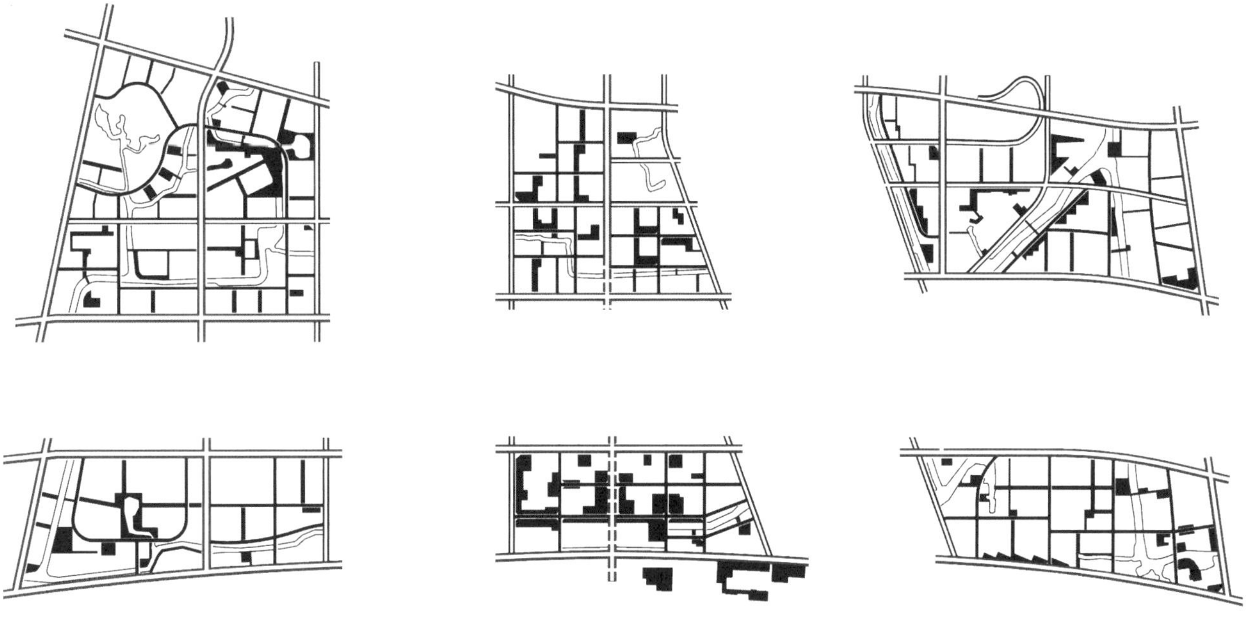

各组团街区空间结构分析图

烟台芝罘湾战略提升及城市设计

STRATEGIC IMPROVEMENT AND URBAN DESIGN OF YANTAI ZHIFU BAY, SHANDONG

项目位于山东半岛北部烟台市芝罘区东部。芝罘湾片区是城市综合服务轴与创新发展轴的交汇，是中心城区“一核突破”的关键。旨在发挥仙境文化等传统特色，依托城市和海洋优势，保护环境，对标世界一流，促进转型，提升城市量级，打造山海形象鲜明的芝罘湾中央活力（CAZ）；搭建赋能发展的渤海湾城市圈中心 T 台，构建具有城市服务、商业商务、文化旅游、居住休闲等复合功能的海上花园。

以此呈现塑形象，理空间，构景观，补设施，布功能，用遗产，组交通，促低碳八大策略。

1. 塑形象：烟台有山海林湾岛港城，景色处处散布；但需要一个像巴黎凯旋门那样的节点，统领空间结构，塑造城市意象。
2. 理空间：布局以简洁高效为美，与千变万化的大海成为对景。
3. 构景观：以生态为原则，以景观为灵魂，以活动为线索，构成立体的滨海景观体系。
4. 补设施：提升量级，发展城市综合文化、体育、旅游等服务设施；完善幸福新城的社区配套。
5. 布功能：做到公共服务、文旅商业、办公、居住相对平衡，互为支撑。
6. 用遗产：以活化为导向，以利用为目的。
7. 组交通：外通内达，疏导结合，海陆联动，局域支持整体。
8. 促低碳：以碳达峰，碳中和为目标，全面追求低碳、生态、智慧。

设 计 者：李振宇　成立　徐旸　肖国文　孙楠　陈曦　黄嘉璐　许展航　张彤

工程规模：用地面积 1049.10hm^2　建筑面积 1114.27 万m^2

设计阶段：城市设计

委托单位：烟台市自然资源和规划局

“海上仙山”效果图

“城市客厅”效果图

“烟台之门”效果图

“海上云桥”效果图

“海浪之纹”效果图

“灯塔之芒”效果图

青田县鹤城老城区修建性规划

THE DETAILED CONSTRUCTION PLANNING OF HECHENG QINGTIAN, ZHEJIANG

青田是浙南著名的侨乡、典型的山水之城，老城是青田历史的见证，青田老城更新规划以建设一个“寄托青田人记忆的历史之城、承载青田人未来的明日之城”为总体目标，以“历史与未来融合、文化与经济协调、保护与发展并重、安置与特质兼顾”为原则，提出了四大更新策略：

（1）产城融合、主客共享，打造活力永续之城。

（2）肌理为底，城墙为脉，建构历史传承之城。

（3）观山览水、山屋共构，营造山水交融之城。

（4）完善公共的基础设施，创造未来宜居之城。

设 计 者：王一　徐政　叶文祺　罗昊

工程规模：建筑面积 90 万 m^2

设计阶段：方案设计

委托单位：青田县政府

鸟瞰图

沿江透视图

特色节点透视图 1

特色节点透视图 2

特色节点透视图 3

特色节点透视图 4

特色节点透视图 5

扬州市原三和四美酱菜厂地块和原商学院地块规划方案设计

ORIGINAL SANHESIMEI PICKLE MILL AND BUSINESS SCHOOL PLOTS PLANNING SCHEME, JIANGSU

项目位于扬州广陵区东关街历史文化旅游区，盐阜西路和泰州路路口，处于古运河和东关街水陆要冲位置，地理位置优越。

针对项目现实问题，学习成功文旅古镇经验，拟定了“街河园人”四象设计策略框架。

空间框架：鱼骨街巷，过往城市结构和当代城市肌理叠置的历史之城；产业框架：文化深度体验旅游复兴，传统产业和当代产业并重的活力古城；生态框架：归园于城，传统风貌和当代景观齐行的园林之城；人文框架：贯穿时间的文化传承，完整历史意境和当代生活融合的人文图景。

项目与西部个园区域一起作为东关街的系统性补充，以面带线，以线带点，激活具有一定规模、纵深、影响和复合度的社区文旅体系。既有助于舒缓东关街密度过大，改善流线单一等结构性缺陷，也能反向带动业态更新和老城社区自发性更新。在带动促进社区发展的同时，体现了老城风貌与新城愿景。

设 计 者：胡向磊　汪妍泽

工程规模：基地面积 7.72hm^2　建筑面积 119 801.82m^2

设计阶段：方案设计

委托单位：扬州市名城建设有限公司

整体鸟瞰图

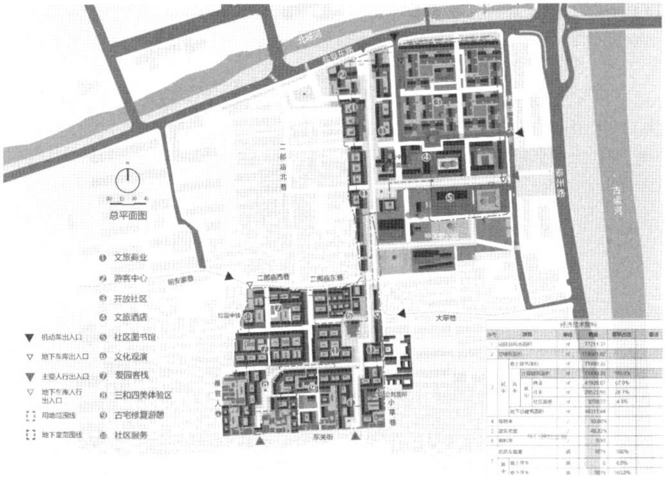

总平面图

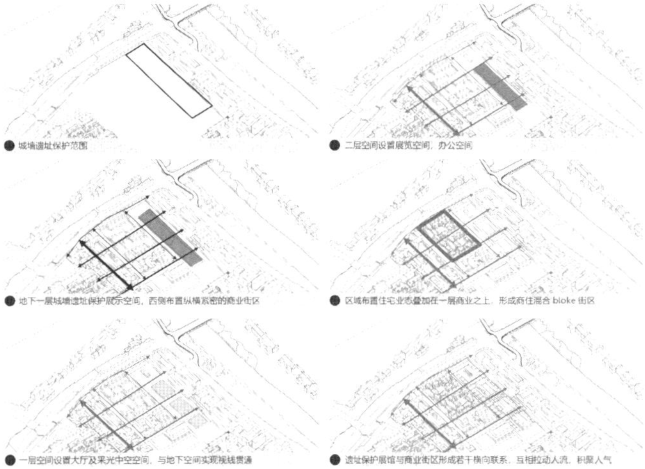

方案生成图

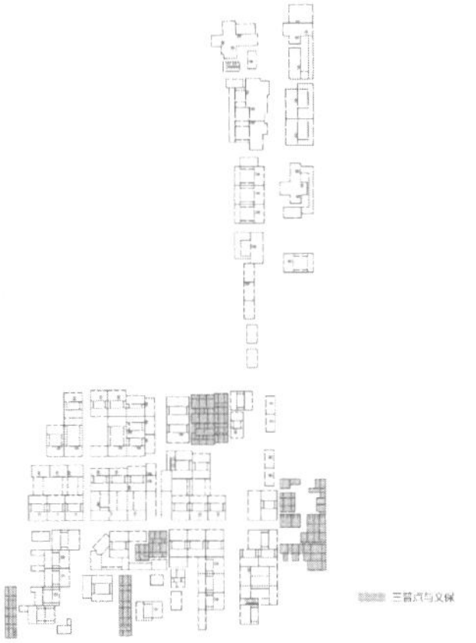
商业部分一层平面图

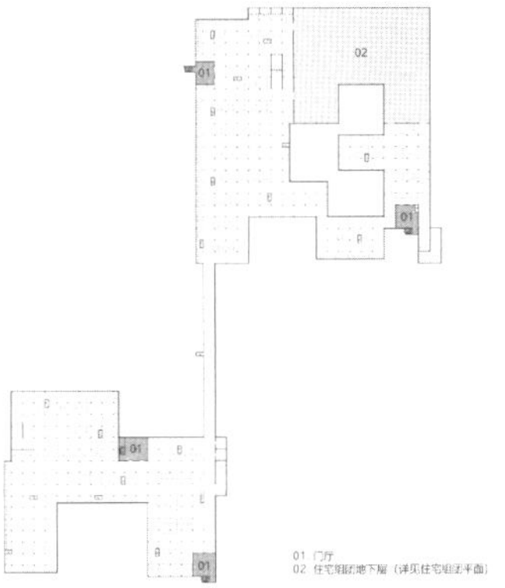

地下一层平面图

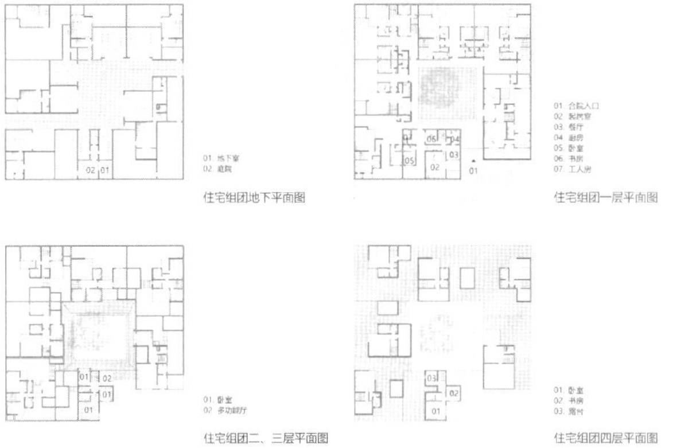

住宅组团平面图

透视效果图

雄安新区启动区创新坊文体科创商务中心

XIONG'AN NEW AREA CULTURAL AND SPORTS SCIENCE AND INNOVATION BUSINESS CENTER, HEBEI

项目位于雄安新区启动区中心，是启动区精华荟萃之地，本次规划将四个半岛整体谋划，重新制定城市设计框架，首先，梳理城市通廊，初步切分街廓；其次，划定两个圈层，界定空间层次；再次，依托湖面中心，确定地标位序；最后，构建个性岸线，丰富建筑组群。将其打造成“文化雄安”品牌的承载点和 “生活雄安”图景的示范区。

项目特征：圈层筑型、文化巡礼以及岛岸生境是本次项目的三大特征，通过圈层布局协调湖区和城市的两者关系。内圈层主要布局文化性建筑，外圈层为城市复合功能街区。设计绘制北文体 · 南艺术 · 西科技 · 东国潮的文化蓝图。通过一条体验动线，串联 N 种文化 + 消费场景。以中西合璧为风貌指导原则，通过构建三段个性化岸线。文体岸，展现现代大气的城市客厅形象；艺术岸，融入金融岛背景，呈现时尚精致的空间形象；创智岸，古今交融，构建都市山水的空间意境。

设 计 者：江浩波　唐进　翁晓龙　郑红玫　董先　李梦颖　王晨辉

合作团队：同励建筑设计院　建筑设计四院　工程投资咨询院

工程规模：占地面积 119.3hm^2　建筑面积 289 900m^2

设计阶段：概念方案

委托单位：河北雄安新区管理委员会

总体鸟瞰图

总平面图

文化环廊—城市云台效果图

文化环廊—璞石艺境效果图

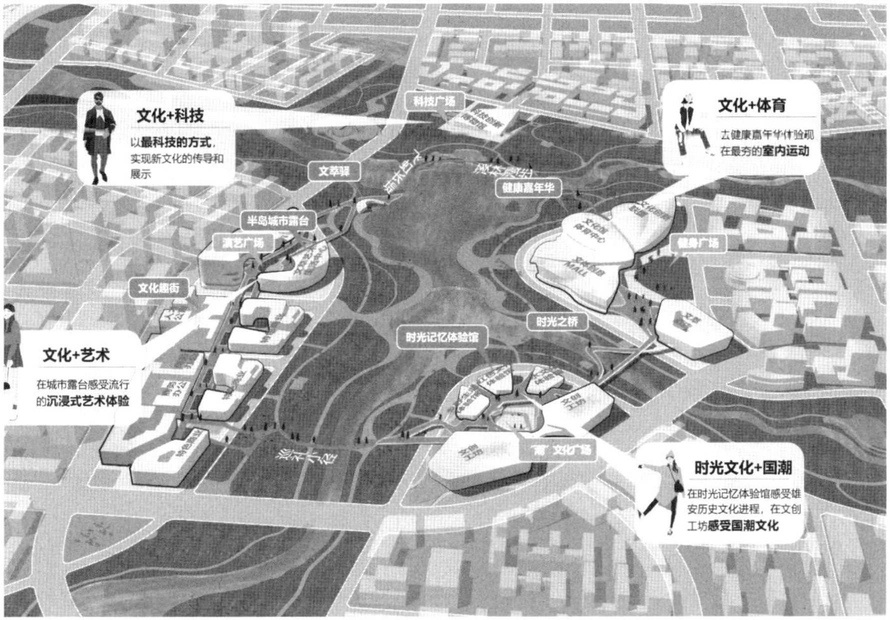

方案特色—文化巡礼

方案特色—圈层筑型

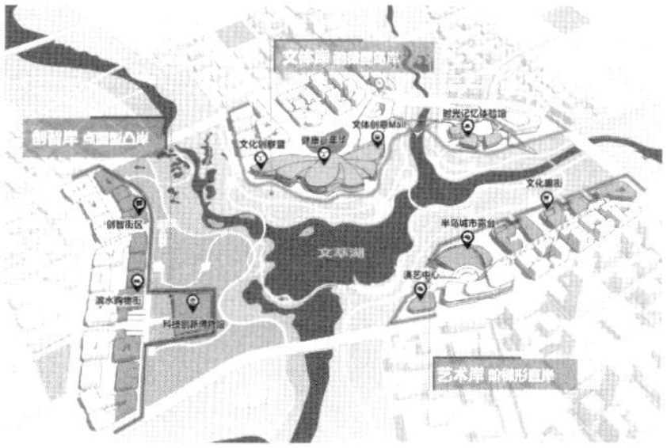

方案特色—岛岸生境

钦州城市展馆及智汇谷科技园项目（暂名）概念性规划及建筑方案设计

URBAN EXHIBITION HALL, WISDOM VALLEY SCIENCE PARK, GUANGXI

钦州城市展馆及智汇谷科技园(暂名)项目位于广西壮族自治区钦州市滨海新城北部“白石湖”公园西侧区域。综合建设用地特点，以及周边环境、市政道路接入口和功能分区等要素，通过“以点带面，以院串轴”的灵活布局，实现规划、建筑和景观的整体化设计。

总体规划结构采取“两区三核四轴线”的策略：

两区——分别为内向幽静的科研园区，和外向开放的城市展厅、科技展厅及多功能科研服务中心区，并将 2 个区域通过通湖一渠景观水系和入口广场链接为整体。

三核——分别为科研园区的生态绿肺休闲核心，城市展厅的塔前广场活力核心和科技展厅及多功能科研服务中心区的科学广场引擎核心。三个核心动静相宜，各具特色。

四轴线——位于安州大道西侧，沿和谐塔视觉通廊的南北向公共景观轴；结合通湖一渠景观水系建立贯穿场地东西方向的景观轴；串联科研园区生态绿肺的南北向景观生活轴；以及位于科研园区北部的另一个东西向和谐塔视觉通廊景观轴。

设 计 者：徐甘　叶京杰　朱淼
工程规模：建筑面积 47 132m^2
设计阶段：概念性方案设计
委托单位：钦州市滨海新城投资集团有限公司

总体鸟瞰图

总平面图

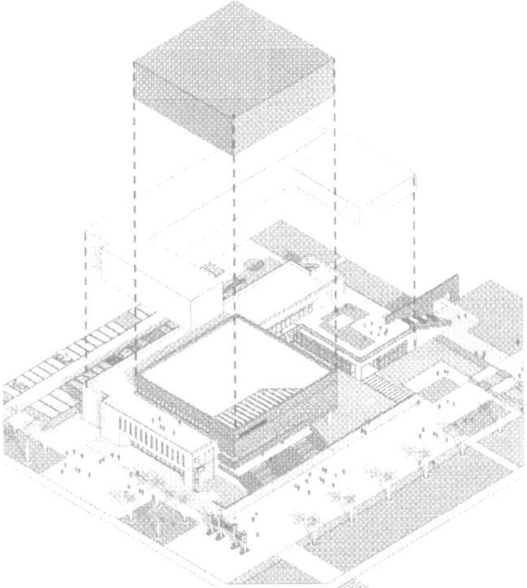

城市展馆分析图

休闲服务中心

多功能科研服务中心

西南鸟瞰图

城市展馆

科技展厅及多功能科研服务中心

独栋科研办公

杭州市三江汇绿心公园长安沙片区方案设计

LANDSCAPE DESIGN OF SANJIANG CONFLUENCE GREEN CENTRAL PARK IN CHANG'ANSHA AREA, ZHEJIANG

长安沙位于杭州三江汇合处，是著名《富春山居图》的开卷之地，同时也是“西湖—富春—千岛湖—黄山”旅游线路沿线的重要节点，具有浓厚的历史文化底蕴与独具特色的山水景观风貌。但目前，长安沙片区的生态系统正遭受来自工业、村庄、农田、非法水产养殖和林业活动的威胁，场地原生水塘均受到不同程度的面源污染，亟需规划整治。

规划以“魅力未来·无限江南”的规划愿景，旨在打造集绿色、经济、创新、环保、文化保护等多元功能的载体。规划突出三大重点内容：地域生态环境保护、可持续的未来产业、富春文化历史体验。通过生态修复技术手段恢复生态系统健康，构建低碳森林体系、营造鱼鸟生境，重现《富春山居图》“峦叠杆茂、水田缥碧”的栖居意境；结合历史文化与民俗特色塑造十大景观节点，承载着可持续农渔生产、地域文化体验、自然风貌展示等多重功能，实现高资源消耗产业转型，增强新型经济驱动力。方案划定渔村文化走廊、候鸟保护岛、岛屿到达区三大重点分区，建立零碳示范、科教娱乐和自然水境融为一体的主题游览体验地，将长安沙片区打造为生态文明原乡岛屿，都市中的自然之眼。

设 计 者：匡晓明　王文胜　钱昱　刘文波　朱弋宇　刘广哲　陈亚斌　Stephen Buckle　符骁　奚婷霞　陈思　Nicola Balch　赵雅心　朱国营
工程规模：占地面积 7.23hm^2
设计阶段：方案设计
委托单位：杭州市拥江发展领导小组办公室、杭州市规划和自然资源局

鸟瞰图

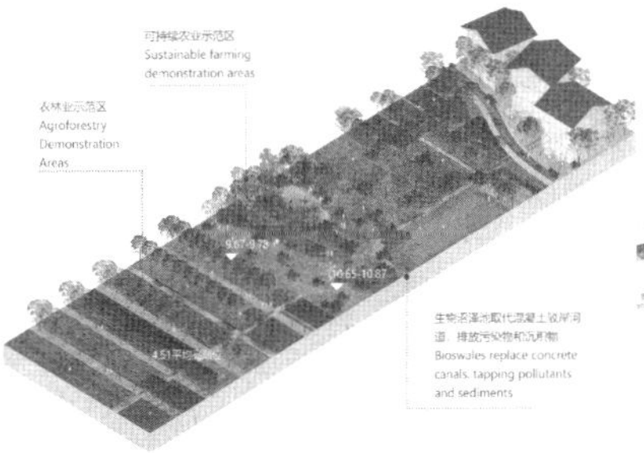

可持续农业分析图

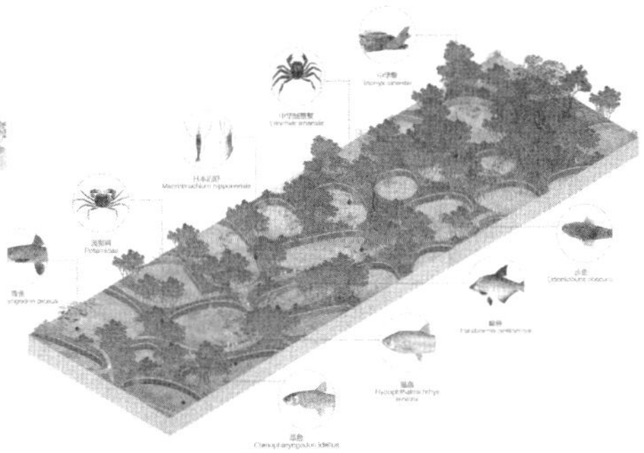

桑基鱼塘分析图

生境营造分析图

德阳市天府旌城市民中心核心区建筑策划及空间意向形态研究（国际征集）

TIANFU JINGCHENG CIVIC CENTER CORE AREA, SICHUAN

项目位于四川省德阳市“天府旌城”片区的核心区，是带动整个片区发展的中心和动力引擎。担负着打造天府北会客厅和公园城市德阳样板的重要使命。

项目以“生态智树”作为规划设计核心理念，以低碳运营、绿色生长为出发点，凸显公园城市的空间场所和秩序营造。规划通过融格局、优景轴、筑湿地、塑云廊四大策略，将核心区融入旌城片区的整体形态，打造中正开合的中央轴线和具有当地文化特色景观空间。

项目以“未来生长”作为建筑设计的指导原则，打造科技和生态融合发展的“实验场”，重点打造三大建筑。其中，智慧服务中心以“流动的建筑”为特征，市民服务中心以“磐石稳重”为基调，综合展馆体现“婉约之美”。建筑群充分体现绿色办公和未来社区的整体意向。

德阳天府旌城是是德阳市委、市政府贯彻落实中央成渝地区双城经济圈建设和省委成德眉资同城化发展战略部署作出的一项重大决策，构建“南有天府新区，北有天府旌城”的成德同城化北部核心。

设 计 者：王立颖　江浩波　唐进　任翔　姚程明　马云富　夏敏　张海峰　颉泽天　邱俊雅　王辉　刘佳卉

工程规模：占地面积 1.35hm^2　建筑面积 686 000m^2

设计阶段：方案设计

委托单位：德阳发展城市建设开发有限公司

合作单位：上海同济城市规划设计研究院有限公司

总体鸟瞰图

总平面图

综合展馆（三馆合一）效果图

智慧服务中心效果图

智慧服务中心内景效果图

市民服务中心效果图

绍兴西小河历史文化街区区域城市设计及节点概念方案设计项目

URBAN DESIGN AND ARCHITECTURAL CONCEPT DESIGN PROJECT OF XIXIAOHE HISTORIC DISTRICT, SHAOXING, ZHEJIANG

项目位于绍兴市（越城区）古城区西北方位的西小河一带。规划范围内包含两片历史文化街区——西小河历史文化街区、新河弄历史文化街区；四处国家级文物保护单位吕府、谢公桥等；一处省级文物保护单位古越藏书楼，以及若干处市级文物保护单位刘宗周故居等。

地块历史资源丰富，大量存在老建筑与现代建筑并置的情况。设计目标为：整合地块历史资源并有针对性地改造提升居住条件，打造融合历史文化，并有居住、旅游等功能兼具的综合街区。针对此目标，设计首先梳理了场地内的交通，从基地北侧车站路将车辆引入地下车库，地库可容纳 800 辆小型汽车。地面部分组织人车分流，结合水上交通，将区域内散布各地的文旅节点串联，为游客漫游提供丰富的趣味性及可发掘性。

在吕府与阳明故居旁侧，新设计了阳明书院（包含两个单体方案），并以此为触媒激活片区。阳明书院以弘扬阳明心学的文化与历史为主旨，内涵主体以王阳明为主，将讲学、报告、观演、仪典、交流、收藏等功能相整合，形成国际性的阳明心学展示与研究中心。借此融合吕府、阳明故居等功能体，打造片区名片。

设计还对历史街区内的北入口、南入口、沿西小河一带的传统民居和公共空间进行梳理。在南北两侧分别打造传统街区的特色入口空间，并对街区内保留较好的老建筑进行了风貌整修与改造利用。

设 计 者：常青　张鹏　刘伟　吴雨航　崔梓祥　刘瀛泽　顾金怡　杨尚璇　冯子亭　徐瑞彤　罗薇莎　徐姝绮
工程规模：规划面积 32hm^2
设计阶段：城市设计、概念方案设计
委托单位：绍兴市阳明故里开发建设有限公司

整体鸟瞰图

阳明书院（方案一）鸟瞰

阳明书院（方案一）效果图

阳明书院（方案二）鸟瞰

阳明书院（方案二）效果图

阳明书院（方案一）主入口效果图

临西县中心城区和河西镇城市设计

URBAN DESIGN OF LINXI COUNTY CENTER CITY AND HEXI TOWN, HEBEI

规划设计范围北至北环路及工业仓储用地边界，南至玉兰路，西至环城水系，东至现状建成区以及环城水系。总体采用五大规划策略：生态价值引领，好山好水进入城市；公共空间驱动，形成巨大的城市空间发展动能；组团化内生动力发展，提供共享空间价值；功能平台化构建，打造城市新型经济业态；抓住城市最核心的公共空间风貌，从结构上改变城市面貌。尤其强调公共空间驱动，塑造两大动力空间：城市中央功能轴线和环城水系生态发展带，整合林田河湖等生态要素，形成城市级核心空间，引领城市从组团街区走向全区结构转变。走组团化发展模式，通过组团中心打造，形成城市分片区的内生发展动力，城市发展动能全区不降低。抓住空间这一最本质的城市风貌主体，从结构上根本性的改变城市面貌以绿化为统领，打造贯穿南北的城市级公共空间，营造公园城市场景，赋予城市巨大的场所动力和战略特质。

设 计 者：张健　吴庐生　黄丹　杨琳　葛成斌　陈武林　沈复宁　朱兴宇

工程规模：$11.2hm^2$

设计阶段：城市设计

委托单位：临西县自然资源和规划局

中心城区整体鸟瞰图

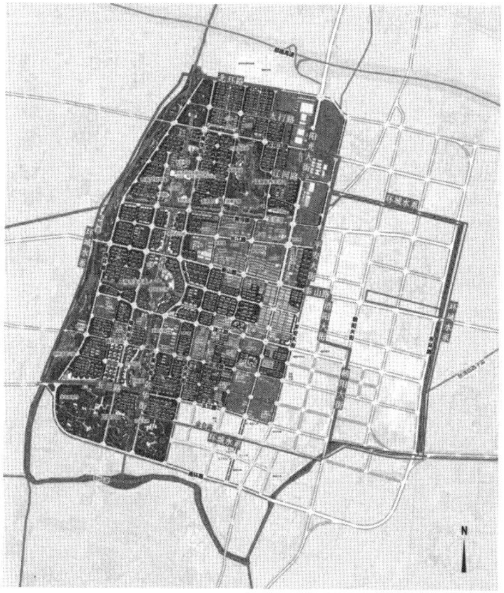
总平面图

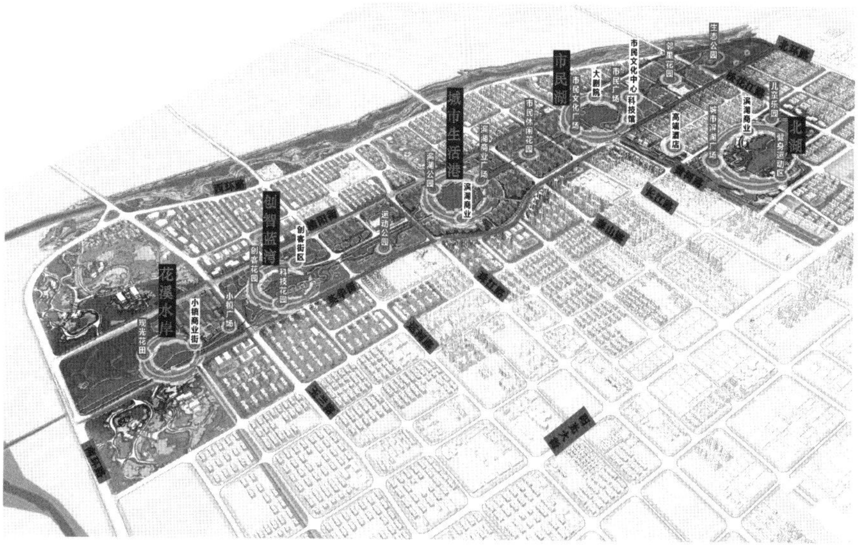

城市核心功能布局图

城市南北轴线效果图

片区中心组团效果图

玉带河空间效果图

马山寨码头陆域配套区规划设计

LAND SUPPORTING AREA DESIGN OF MASHANZHAI WHARF, SHANDONG

项目位于烟台五大仙湾之一的四十里湾，四面八方皆有景，希望打造一个以仙湾为底本，集游艇休闲胜地、创意文化走廊、崆峒交通枢纽为一体的码头配套客运站。方案主要有五大特色。

1. 鲜明的形象：通过自由的建筑形态，塑造出海鸥翔集，扬帆起航的整体形象。

2. 一体化布局：合理划分码头陆域配套区域，设计三大广场，两条游廊，贯通东西。

3. 简洁高效的结构：结构简洁合理，框架灵活布局，外立面采用 UHPC 幕墙体系。

4. 灵活的空间：共享空间，多元融合，每栋建筑都是复合功能建筑，多元共享，核心功能 + 服务功能，交通与景观的共享，文化与商业的共享，生活与娱乐共享，展示与活动共享。

5. 变幻的光影与色彩：四季之景，五彩映射，十二时辰，朝晖夕阴。

设 计 者：李振宇　成立　徐旸　陈曦　黄嘉璐　钱靖恒
工程规模：基地面积 4.1hm^2　建筑面积 9187m^2
设计阶段：概念设计
委托单位：烟台蓝天港口开发有限公司

整体鸟瞰图

游艇俱乐部鸟瞰图

休闲广场效果图

客运站效果图

游艇俱乐部效果图

深泽县向阳街片区城市设计

URBAN DESIGN OF XIANGYANG STREET AREA IN SHENZE COUNTY, HEBEI

项目位于石家庄市深泽县中心城区，具设计位置位于南北向城市道路向阳街所在区域。向阳街全长 4.21 公里，中心城区南北纵深 2.61 公里，滨河生态公园区段约 1.6 公里。纵向系统化整合，依托文庙、北极台公园、古韵步行街、山西会馆等重要文化空间载体，沿道路主干布局文化广场、钟楼广场、口袋公园、城墙公园等，构建向阳街城市南北风貌主轴线；横向街区纵深延伸，梳理街巷风貌，形成支脉状街巷文化空间。总体规划理念为：文化引领，分段打造，形成南北贯通的文化风貌街。节点突破，以点带面，打造城市特色与风貌亮点。从南到北构建 17 个礼仪性、标志性场所，讲述深泽故事，丰富街道文化内涵。

设 计 者：吴庐生　张健　黄丹　杨琳　葛成斌　陈武林　沈复宁　朱兴宇
工程规模：建筑面积 11.2km^2
设计阶段：规划方案设计
委托单位：深泽县自然资源和规划局

“一馆一街”空间鸟瞰效果图

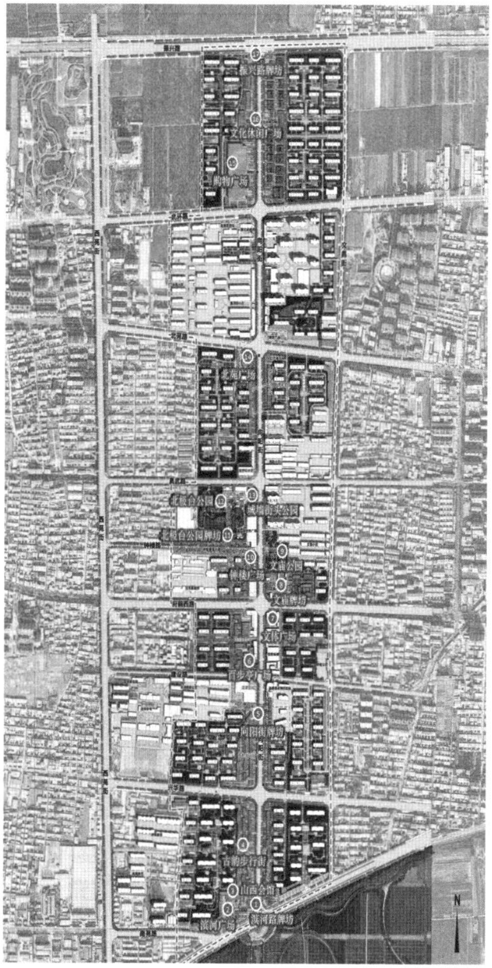

总平面图

南部城市入口（滨河路）牌坊效果图

向阳街牌坊效果图（位于建设路南部，从南向北进入古城的视角）

向阳街北部街景效果图（位于北苑路和真武路视角）

文化新天地建筑风貌——采用新中式风格，实现文化的创新与多样性展示

烟台啤酒百年原址保护性利用策划及规划设计

YANTAI BEER'S CENTENNIAL ORIGINAL SITE, YANTAI, SHANDONG

本项目基地南面为山，北面是海，西面临湖，在基地与海岸的连线上，分布着所城里、朝阳街、烟台山灯塔、近代外国领事馆建筑群等。
四个定位：烟台民族工业发展的展示地、现代生活的网红打卡地、中外游客市民的交流地、中高端生活栖居地；
四种场景：广场四时、周末市集、重大节庆、情景剧展示——百年烟啤；
四种利用：利用有价值的建筑、利用有用的室外空间、利用能反映工业遗产的建构、利用可以反映啤酒厂历史的场景；
三个特别的新建筑：新的啤酒主题文化商业楼以及商业街、新的南里、新的北里。

设 计 者：李振宇　成立　徐旸　肖国文　孙楠　陈曦　黄嘉璐
工程规模：建筑面积 136 371m^2
设计阶段：概念设计
委托单位：烟台啤酒集团有限公司

整体鸟瞰图

居住区效果图

谷仓改造效果图

办公楼改造效果图

咸宁市淦河流域空间发展规划设计

DEVELOPMENT PLANNING AND DESIGN OF GANHE RIVER BASIN, XIANAN DISTRICT, XIANNING , HUBEI

咸宁市位于长江经济带走廊上以及武汉“1+8 城市圈”之中，且在武汉市 100 公里的辐射范围之内，同时在“1+8 城市圈”纵轴之上，是南下北上的主要通道，素有“湖北南大门”之称。淦河流域位于咸安区内，属于长江支流，是咸宁市三大水系之一，被誉为咸宁“母亲河”，是咸宁市重要的生态、生产、生活空间，是咸宁推动城乡融合、乡村振兴、全域旅游、自然生态公园城市建设的战略性大空间。总体规划思路为：通过淦河空间三大工程突破，塑造“山 – 河 – 城”三位一体的自然生态公园城市空间新形态——“一带群山、百里画廊”。提升滨河路等级，抓住江滩交通提升工程，适度引入立体交通模式。同时绕山环湖开放连通工程，首先沿淦河整体划定山体控制线、河湖控制线和城市控制线，彻底扭转城市挤压山体、河流、湖塘的被动局面。其次全面推动环山路建设，呈现边界清晰，共享可达的山体公园群，链接环山路与滨河路为一体化生态景观廊道系统，增强城市、河流与山林的对话空间和要素流动空间。最后把山体公园系统、湖泊湿地系统与淦河江滩系统融为一体，构建起“山—河—城”三位一体的自然生态公园城市整体风貌。

设 计 者：张健　吴庐生　黄丹　杨琳　葛成斌　陈武林　沈复宁　朱兴宇
工程规模：全长约 24km，整体规划面积约 52.36hm^2
设计阶段：规划方案设计
委托单位：咸宁市咸安区水利局

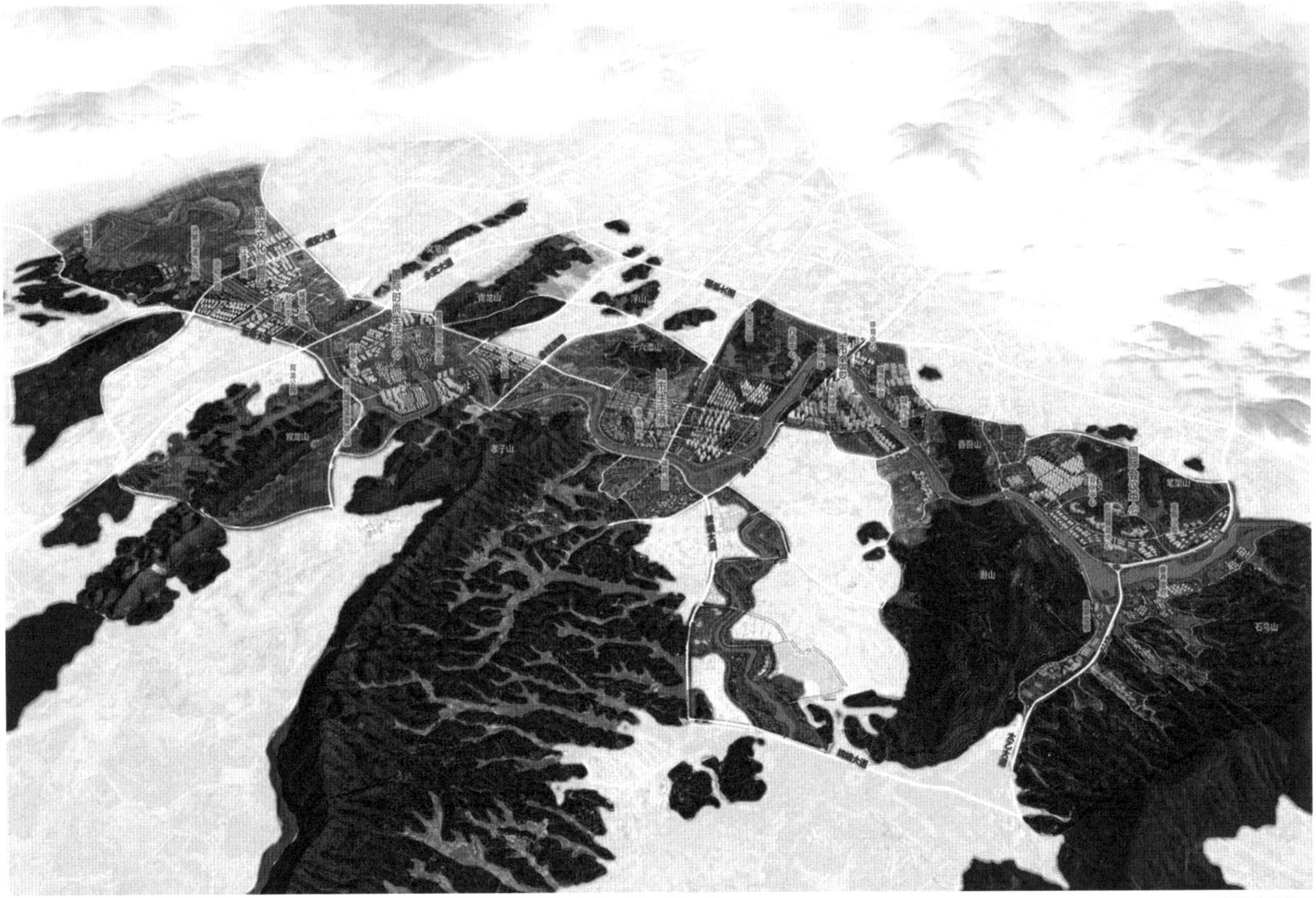

整体鸟瞰图

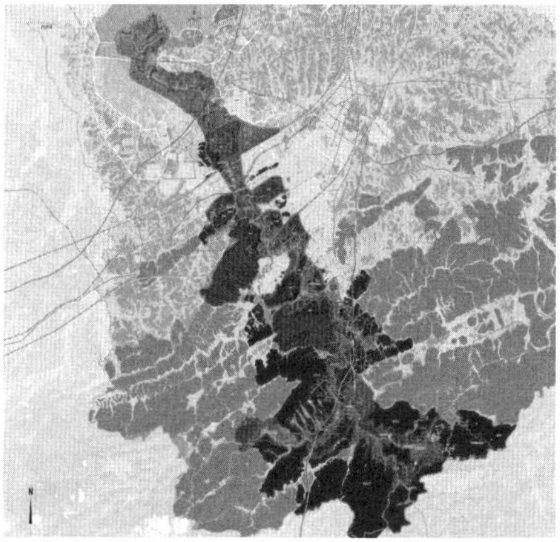
概念规划总平面

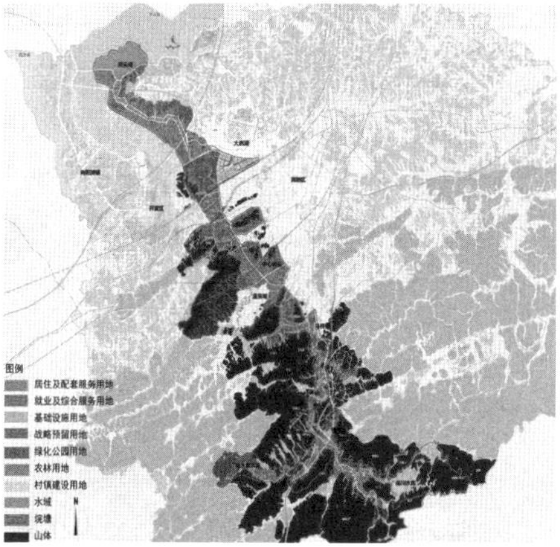
用地布局规划

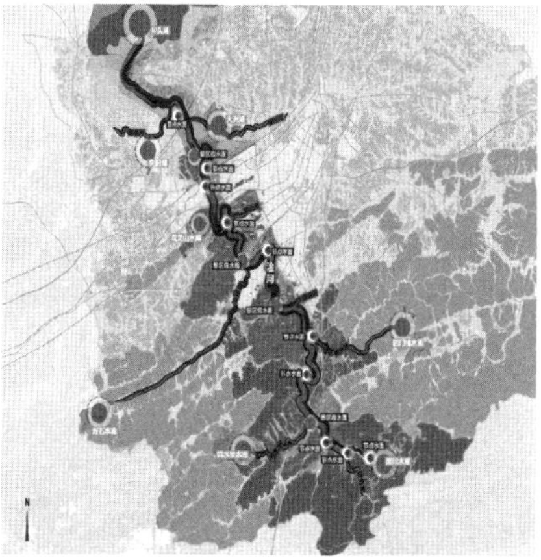
水系空间结构规划

会议会展与康养经济中心空间风貌：山水园林式会务区＋度假小镇模式的旅游接待区

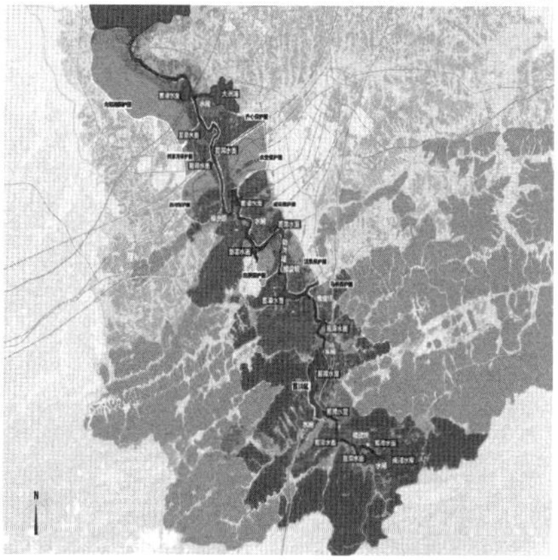
防洪系统规划

构建城市强有力的新中心，打造城市风貌标志区

以江滩空间为轴线，统领两岸多个文化主题空间

广州海珠桥南广场品质提升城市设计

HAIZHU BRIDGE SOUTH SQUARE QUALITY IMPROVEMENT URBAN DESIGN, GUANGZHOU, GUANGDONG

规划区位于广州传统城市轴线南端、北邻珠江前航道，与江北海珠广场隔江相望。地块现状以高密度老旧居民住宅为主，其中包含两条传统骑楼街与若干保护建筑。但总体存在房屋破旧、建筑密集、道路狭窄等问题，整体风貌与珠江北岸不协调，片区土地价值亟待挖掘。片区的改造与提升承担着延续广州传统中轴线、扩展沿江景观带、改善旧城人居环境、提升城市形象、促进产业升级等多重任务。

本次城市设计通过提升广州城市传统轴线两侧街区品质，强化秩序，使片区在此处起承上启下的关键作用。设计于海珠桥南起点设置开敞的城市广场“跃龙广场”，在轴线上形成活跃的城市公共空间。广场中央设计高耸地标，结合广场、绿地、商业，形成活跃的核心广场氛围，并由此解决广场分散于江南大道两侧沟通困难的问题。

对于传统街道与保留街区，根据现状建筑风貌和质量评估情况建立建筑分类评价体系，分为文物类、保护类、提升类、更新类共计四类建筑。一类一策，采取相应的保护与更新方式。围绕历史建筑和街巷节点，适当拆除局低质的建筑，改造成风貌合宜的公共建筑或绿地广场等公共空间，提升老区居民的生活质量。

设 计 者：常青　张鹏　刘伟　王红军　吴雨航　崔梓祥　刘瀛泽　张子仪　顾金怡　毛燕　吴佳丽　徐瑞彤　赵迪
工程规模：规划面积 67.1hm^2
设计阶段：城市设计
委托单位：广州市规划和自然资源局海珠区分局

整体鸟瞰图

总平面图

传统街区保护提升设计策略

跃龙广场地标效果图

海南博鳌乐城先行区万泉河滨水生态景观概念规划设计

CONCEPTUAL DESIGN OF THE ECOLOGICAL LANDSCAPE ALONG WANQUAN RIVER IN LECHENG PILOT ZONE, HAINAN

项目位于海南省乐城先行区万泉河两岸，乐城先行区滨水生态景观带拟打造为彰显中国特色、体现乐城质量、展示博鳌风貌的精品景观，推动先行区建设成为高水平社会主义现代化城市，成为高质量发展的全国样板。

场所中的“岛”与“湾”为乐城先行区滨水生态景观带显著的地形空间特征，设计结合生态、功能与交通、激活与复合使用等方面的策略强化“岛湾”的空间特征，恢复“岛湾”安澜绿色的生态基底，置入丰富的慢行体验与活动，并意图打造一个疗愈之境。

设计结合上位规划、梳理场地基本信息进行基地诊断，总结出九大主要问题，并进一步将之归纳为三类问题，即自然的、城市的和人与自然、城市的关系问题，针对性地提出三大设计策略：自然康愈、城市治愈、身心疗愈，并相应提出固岛净湾、活岛链湾、徜岛乐湾三大设计手法，以实现 “万相之岛·泉愈之湾”的设计理念。设计提出滨水空间功能活动与腹地产业联动衔接的理念。根据乐城先行区的规划产业用地，设计将滨水景观带分为七个主题段落，规划了岛湾十二景，并以轻介入的方式按照 1~1.5 公里的间距，总共布置 15 个服务驿站。

设 计 者：章明　张姿　秦曙　苏婷　张奕晨　王颖　黄佳彦　叶佳怡　李雪峰

工程规模：基地面积 566hm^2　建筑面积 16 700m^2

设计阶段：城市设计

委托单位：海南省博鳌乐城国际医疗旅游先行区管理局

鸟瞰效果图

总平面图

规划分析

鸟瞰效果图

鸟瞰效果图

杭州市三江汇防洪堤周边地区城市设计及绿心公园江东嘴片区方案设计

URBAN DESIGN OF LEVEE SURROUNDING AREA IN SANJIANG CONFLUENCE WITH LANDSCAPE DESIGN OF THE GREEN CENTRAL PARK IN DONGJIANGZUI AREA, ZHEJIANG

项目位于杭州三江汇地区，该片区将探索新时期人与自然和谐共生的山水营城模式，成为杭州未来魅力的展示窗口、贡献未来城市“杭州样本”的核心载体。包含两个设计范围，分别为防洪堤防岸线及周边地区城市设计与绿心公园东江嘴片区城市设计。

防洪堤周边地区城市设计以“未来创智钱江湾”为规划主题，以“超级共生水岸”为理念，建立“一带引五廊，双心领五组”的空间结构，形成沿江岸线公共空间与外围城市腹地一体化发展的共生格局。方案突出“人文艺术滩、生态智慧港、未来活力坊”三大特点，立足拥江发展视角，塑造集防洪安全、生态景观、文化艺术和创新生活为一体的共生型滨水地。

绿心公园规划提出“生态东江嘴”总体定位，以“Park+Lab”为理念，打破城市与生态、城市与乡村、技术管理的边界，构建复合的未来公园场景，营造人与自然、乡村与城市共生的 – 世界级滨水实验公园。形成“三江一带连三岸，田园聚落融绿心”的空间结构。方案呼应富春山居画境，进行土地整治与生态修复，构建“山水林田塘滩”生命共同体，综合三大措施恢复生物栖息空间，共构鱼鸟共生的生境系统，塑造山水如画的人文意境。

设 计 者：匡晓明　王文胜　钱昱　刘文波　朱弋宇　刘广哲　陈亚斌　Stephen Buckle　符骁　奚婷霞　陈思　Nicola Balch　赵雅心　朱国营

工程规模：防洪堤周边地区城市设计范围约 5.4km^2，东江嘴片区规模约 8.4km^2

设计阶段：城市设计；方案设计

征集单位：杭州市拥江发展领导小组办公室、杭州市规划和自然资源局

鸟瞰图

文化街区综合体堤岸活化分析图

文化山峦地景建筑一体化分析图

厂房堤岸一体化设计分析图

临沂市百花湖公园总体景观方案设计

BAIHUA LAKE PARK OVERALL CORE AREA LANDSCAPE DESIGN, SHANDONG

百花湖公园沿陷泥河长 2.3 公里，宽 150 ~ 350 米，整体方案设计面积为 878 亩。核心区设计面积为 186 亩，公园结合不同类型的土地用途，尊重现状，通过局部调整，整合零散的土地和河道空间，进行沿河集约发展，因“地” 制宜打造。总体理念和功能：全面体现市里“片林多、乔木多、林下功能多”的公园理念，突出服务群众、带动城市、发展产业三大功能。公园整体定位：生态秀林公园、花木观赏公园、市民休闲公园、滨湖活力公园四位一体。四大主题特色：片林特色、花木特色、便民特色、滨水特色。

设 计 者：张健　吴庐生　黄丹　杨琳　葛成斌　陈武林　沈复宁　朱兴宇

工程规模：建筑面积 33 000m^2

设计阶段：景观方案设计

委托单位：临沂罗兴路桥工程有限责任公司

鸟瞰图

景观透视图

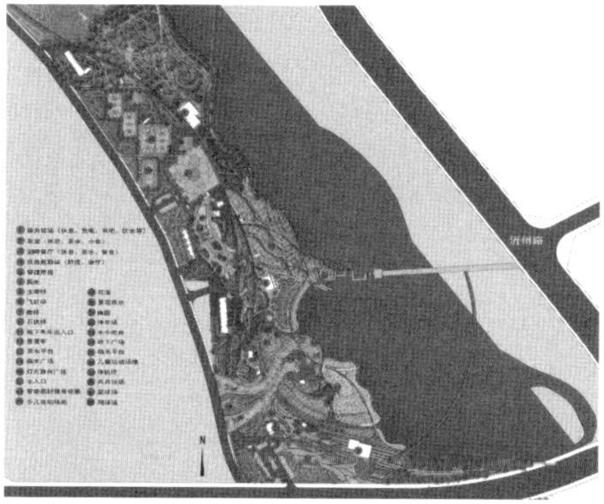

总平面图

打造具有森林特质亲近自然的儿童主题乐园

主入口滨河广场效果图

效果图

宁波文创港核心区滨江水岸项目剩余段（三期）工程

PHASE Ⅲ PROJECT OF THE WATERFRONT IN THE CORE AREA OF NINGBO WENCHUANG PORT, ZHEJIANG

宁波文创港位于甬江北岸，紧邻三江口，是沿甬江横向展开约 2.4 公里长的带状滨水空间。其剩余段位于原样板段两侧，紧邻定英路和孔浦河。

文创港核心区滨江水岸通过景观空间的塑造，体现宁波港埠文化及其影响下带动的文化融合，以及宁波人敢为人先、创新睿智的精神。设计以一条港埠记忆轴串联整个滨江水岸，连接五大主题分区，即大港起锚地、丝路活化石、海纳百川埠、甬立浪潮头、未来新港梦。其中剩余段涉及“丝路活化石”和“未来新港梦” 两个分区。空间处理上设置二层景观平台，形成临江与高架平台的双层空间体验。景观平台下隐藏设置配套服务建筑，使其完全消隐于整个滨江水岸绿地中。

丝路活化石段，设置景观平台 – 大台阶 – 互动广场，形成了一气势恢宏的、上下连续的、以“海上丝绸之路”为主题的空间序列。景观平台下，商行四海广场向东利用坡地，形成丝路花田特色景观，慢跑道、骑行道各自在花田中穿梭，形成互不干扰的花带丝路。平台上方联运乐园，由 7 个绿岛围合而成，从场地中央发射出多条通路，契合宁波与国内外多个海铁联运线路，直观体现宁波作为新丝路中转站的区位优势。未来新港梦段，以“望江阳台”轴线为此区段滨江中心向两侧呈现柔美的水流形态的景观空间。结合滨水及码头空间打造城市印记展台、活力草坪、三江夜游码头、绿台雅憩、青春逸园、涟岛花韵、甬江出埠等一系列参与性城市人文景点，步移景异。

设 计 者：孙颖　应佳　陆曦　谢俊　贾林茄　陈海华　王丽　叶晓婷　詹家伟　廖林
工程规模：占地面积 8.63hm^2
设计阶段：方案设计、初步设计、施工图设计
委托单位：宁波文创港投资开发有限公司

西段鸟瞰图

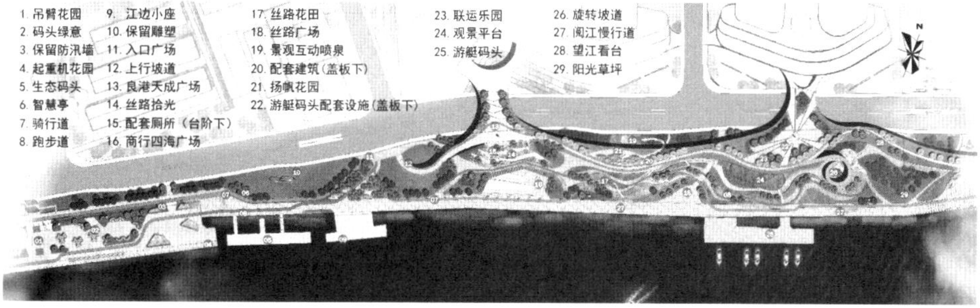

西段平面图

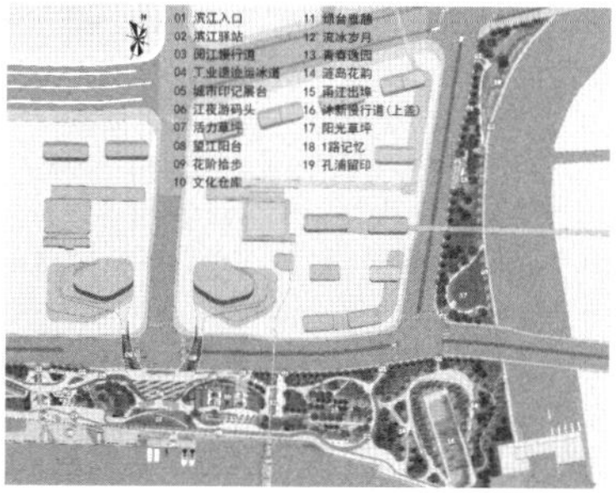

东段平面图

西段联运花园效果图

西段鸟瞰图

西段流线花园效果图

东段码头广场效果图

西段码头绿意效果图

东段流冰岁月效果图

上海市沈杨村样板区风貌提升设计

SHENYANG RURAL STYLE IMPROVEMENT DESIGN, SHANGHAI

沈杨村位于上海宝山区，是上海市第三批乡村，周边地区建设成熟，配套完善，坐拥顾村及上海大学两大商圈，是上海前三批示范村中唯一外环内的“城中村”。村域范围约 142.62 公顷，近期先行实施风貌整治样板区面积约 15 公顷。 优越的区位给沈杨村带来无限的潜能，同时也存在“要素多、空间堵、协调难、预算少”等问题，为本次设计带来诸多挑战。

基于沈杨村现状自然、场地及建筑风貌，设计以“花”为主题，村园一体，点线面结合，分段主题打造，形成“风貌凸显、步移景异、功能多元”的“最美花园村”。同时结合未来产业发展与村民生活，全要素综合提升，打造多个特色功能节点。针对“要素多”问题，驻地陪伴服务，全要素综合风貌提质；针对“空间堵”问题，打破空间藩篱，多元化景观空间打造；针对 " 协调难 " 的问题，搭建管理平台，全过程多方参与谋划；针对“预算少”问题，旧材回收利用，低成本低碳景观打造。设计与建设过程中组建多专业复合设计团队，应用参与式、互动式、渐进式的村民参与方法，协同各部门，形成“现场技术指导 + 节点纠纷协调 + 就地方案调整 + 实地参与建设”的工作方式，探索出一条以设计推动乡村建设的新模式。短短几个月的时间，村庄物质空间环境得到明显改善，居民满意度和获得感增强，消除了村民对乡村振兴的疑虑，获得了市区各部门对成效的高度评价，取得了“设计引领价值观”的意外收获。

设 计 者：江浩波　马云富　夏敏　陈超　王辉　邱俊雅　刘佳卉　任翔　米雪　俞涵　邓晨宇　徐伟男
工程规模：占地面积约 15hm^2
设计阶段：方案设计、初步设计、施工图设计
委托单位：上海市宝山区顾村镇人民政府

鸟瞰图

节点效果图

建成照片

烟台芝罘湾一突堤城市设计及风貌控制

URBAN DESIGN AND LANDSCAPE CONTROL OF A PIER IN YANTAI ZHIFU BAY, SHANDONG

项目位于烟台市芝罘湾一二突堤及其周边用地，东起烟台港国际客运站、西至二突堤，由幸福南路、环海路、青年路、北马路与 908 海岸线围合的区域。项目要求在对芝罘湾一期研究范围既有相关规划和规划管理需求全面分析和研判的基础上，对规划范围进行城市风貌设计。

设计以拼贴城市和融合风貌的设计手法，延续历史文脉，构建当代生活。设计的愿景和定位：

1. 意向：山海之心，独特图景；城市客厅，文化 T 台。
2. 风格：中西交融，鲜明风格；古今贯通，传承发展。
3. 功能：人工自然，旅游观光；安居乐业，职住平衡。

设 计 者：李振宇　成立　徐旸　肖国文　孙楠　钱靖恒 等
工程规模：基地面积 256.6hm^2
设计阶段：城市设计
委托单位：烟台海上世界投资开发集团有限公司

整体鸟瞰图

国际金融商务区与商住活力区街道

文化艺术中心

滨海商住活力区

滨海休闲风情区

民航大学新校区二期工程 A 地块景观设计

THE LANDSCAPE DESIGN OF CIVIL AVIATION UNIVERSITY OF CHINA, TIANJIN

项目位于天津未来科技城（宁河片区）七里海大道东侧，为民航大学新校区二期工程 A 地块，与一期已实施工程及二期 B、C 区工程均有关联。A 地块景观设计内容主要包括校园南北主轴区、东西景观轴线区、云栖湖、体育场看台周边景观等。设计整体策略如下：

（1）强化校园轴线：通过南北主轴线和东西景观轴线的设计，实现空间有序、主次明晰的校园整体格局。

（2）打造校园整体水系：利用地下水，结合一期河道，打造湖、河、堤、湾、岛等一体的校园水系，最大化丰富滨水体验。

（3）传承校园文脉：东西轴线上、云栖湖西侧设计校园钟塔，置入景观地标，呼应老校区钟塔记忆。

（4）细节要素一体化：在铺地肌理、种植设计、夜景照明、小品设施等景观细节上，营造统一中富有变化的校园景观风貌。

设 计 者：李瑞冬　彭唤雨

工程规模：占地面积 15.6hm^2

设计阶段：方案设计、初步设计、施工图设计

委托单位：中国民航大学

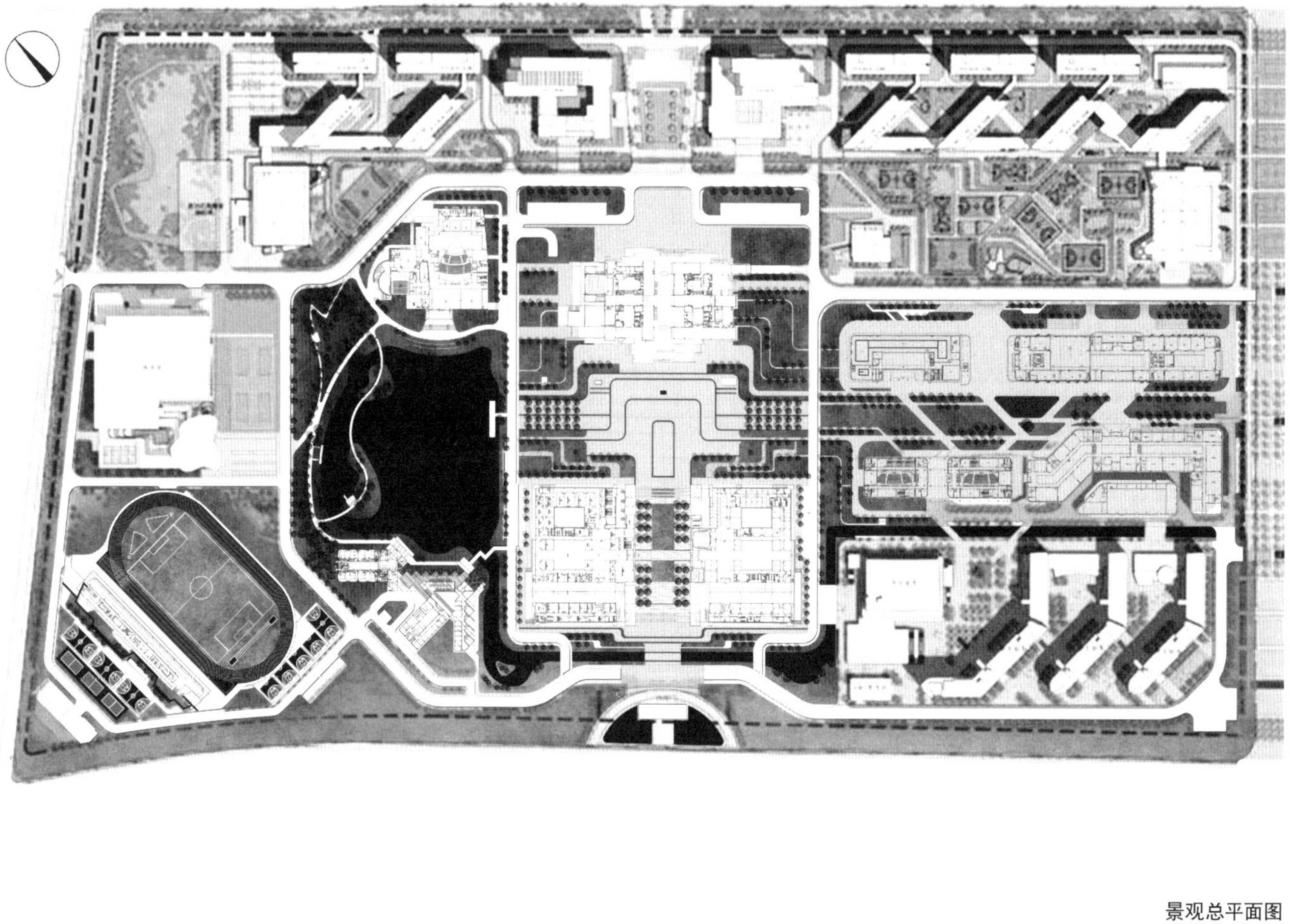

景观总平面图

校园钟塔

东西景观轴线

文科组团下沉广场

上海市不夜城绿地改造工程

EVER-BRIGHT CITY PARK REFORM DESIGN

项目位于上海市静安区核心区域，紧邻城市高架快速路，是苏州河北岸面积较大的公园绿地和游憩核心，也是服务于居住圈和商圈的重要休闲游憩绿地。绿地始建于 2002 年 12 月，总用地面积为 3.6 公顷。作为 20 年的城市绿地有着良好的绿化植被基底，也见证了闸北历史文化的变革。同时也存在着种植郁闭、场地东西割裂、空间均质、缺乏特色、功能单一、游览体系混乱、服务设施老旧等问题，亟待改造。

设计的立意源自对现状空间感受的深刻理解。我们追求突破绿地被快速穿行的交通和高密度的城市空间所包围的压抑感。希望将自然山林的愿景重新融入城市的起居生活中，形成了“城市山林”的设计理念。这个理念将人工城市与自然山林相融合，旨在在满足城市生活的身体舒适的同时，保持了山居生活的内心宁静。这种融合关系使得游憩空间成为一个充满活力与宜人的场所，不仅提供了行动的便利，也提升了心灵的愉悦。我们努力构建一个可行、可望、可居、可游的游憩空间体系，让人们能够在这里找到生活的愉悦与满足。

设计策略包括因地制宜，保留场地自然基底；缝合场地，重塑整体连通格局；打造特色，点亮功能与文化空间；提升服务，补全场地设施小品体系。通过提升与周边城市界面的关联性、人行动线的连续性、主题空间的形象性、设施服务的完善性、绿化种植的特色性以及功能活动的多样性，从而实现从绿地到公园的嬗变。

设 计 者：李瑞冬　顾冰清　潘鸿婷　廖晓娟

工程规模：占地面积 3.6hm^2

设计阶段：方案设计、施工图设计

委托单位：上海市静安区绿化管理中心

鸟瞰效果图

节点效果图

总平面图

夜景鸟瞰效果图

上海市海沈村乡村景观建筑设计

RURAL LANDSCAPE ARCHITECTURE DESIGN OF HAISHEN VILLAGE IN PUDONG NEW AREA, SHANGHAI

海沈村是典型的上海近郊乡村，村域面积 3.19 平方公里。如同很多当代乡村一样，海沈村也面临空村化日益严重，传统产业效益低下，社区活力下降，公共生活缺乏，环境品质较差等人居环境问题。2019 年，连接都市与郊野的地铁 16 号线开通，为这个几乎沉寂的村庄带来了新的可能。在这样的现实背景下，惠南镇政府委托设计团队对海沈村进行场所再生设计。

设计团队持续进行了为期三年的在地实践工作，先后完成了海沈村村庄规划、景观综合提升，以及稻田栈道、景观桥、会客厅、民居改造等重要节点设计，改善了人居环境与空间品质。团队配合镇政府和运营公司，提升了村庄业态，产生了良好的运营效益，并完成了 2021SUSAS 上海城市空间艺术季策展。通过三年持续而高效工作，团队最终将海沈村从一个即将消亡的传统农业村转型为上海大都市周边当代乡村景观的多维体验地，一个现代农业与城郊乡村旅游联动发展的美丽乡村，让她焕发了活力。

稻田栈道设计节点：在核心区景观整饬之前，幸新路两侧为城市化的行道灌木，以及排水明沟。路面宽度有限，缺少人行空间。新的设计给生产性的稻田赋予了游憩的功能，通过有控制的设计介入，提供了体验媒介，将农业生产呈现为地方景观。稻田区步行体系铺设后，已经成为村民们茶余饭后的散步休息场所，为当代乡村公共生活赋予了新的内容。

景观桥设计节点：由地铁出口进入海沈村的步行桥，桥体采用了弧形拱桥设计，行人从西侧出口上桥，桥面在中间收窄，使行人之间发生互动，隆起的桥面将视线引向上方。行至东侧，桥面迅速打开，伴随着地势坡度，栏板的弧线将行人的视线引向东南的大片田野，大地的水平线在眼前徐徐展开。桥体上方采用木构和弧形屋顶覆盖，回应了江南地区传统廊桥的做法。进入海沈村，水平伸展的大片稻田一览无余，彰显着乡村独有农业地景。

设 计 者：常青　王红军　林晓丹　张鹏　刘伟　吴雨航　门畅　林笑涵　刘瀛泽　张子仪　谢子涵　黄佳彦　白寅崧　梁峰　何忻炜　何桂荣　安世超　孙益赟

工程规模：村域面积 3.19hm^2

设计阶段：村庄设计、方案设计、施工图设计

委托单位：上海市浦东新区惠南镇人民政府

稻田栈道鸟瞰实景

海沈村稻田景观分布图

稻田栈道效果

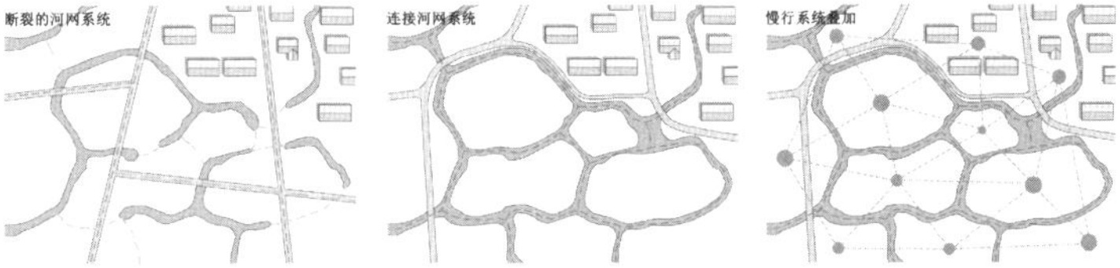

恢复水田格局分析图

道路断面景观设计

景观桥建成夜景

绵阳科技城新区"一山一江"景观规划

THE LANDSCAPE PLANNING OF GULOU MOUNTAIN AND ANCHANGHE RIVER IN MIANYANG SCIENCE AND TECHNOLOGY CITY, SICHUAN

项目位于绵阳科技城新区。绵阳科技城是中国唯一科技城，新区依托科技城建立，是继宜宾三江新区、成都东部新区、南充临江新区后，四川省设立的第 4 个省级新区。

新区内的鼓楼山、安昌河为新区提供了优越的生态环境基底。规划以此为依据，提出"山水环城 科技新城"的规划目标。鼓楼山和安昌河形成环绕新城之势，构成新区的生态保障和生态大环，有山、水游憩线路延伸至城区，以城区道路绿廊和中央公园轴线为骨架，构成文化体验、运动健身、商业游憩等不同主题的小环，由此形成"山拥水绕 环环相扣"的规划结构。

鼓楼山：山脊保留松林，并补植，进一步增强山体天际线起伏的效果；山腰种植阔叶混交林，秋季黄、红、绿交织，形成城市葱郁的背景；在公园路口、重要道路两侧近坡区域，形成观花、观果林，构成特色植物景点；重要观景点设置观景楼台，既是山景的点睛之笔，更是人们进行山体休闲活动的场所。

安昌河：根据不同河段所处的城市区域功能，分别形成"林源鸟语""水上森林""林影草原""草长莺飞"等特色区段。

设 计 者：孙颖　陆曦　董晓霞　应佳　叶晓婷
工程规模：基地面积 610hm^2
设计阶段：景观规划
委托单位：绵阳市科技城新区规划建设局

结构示意图

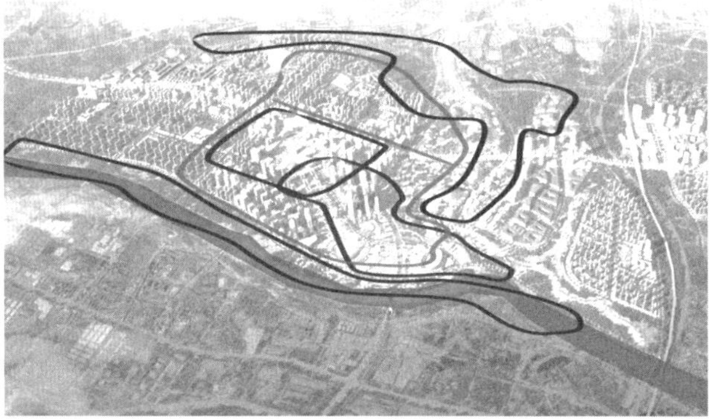

结构示意图

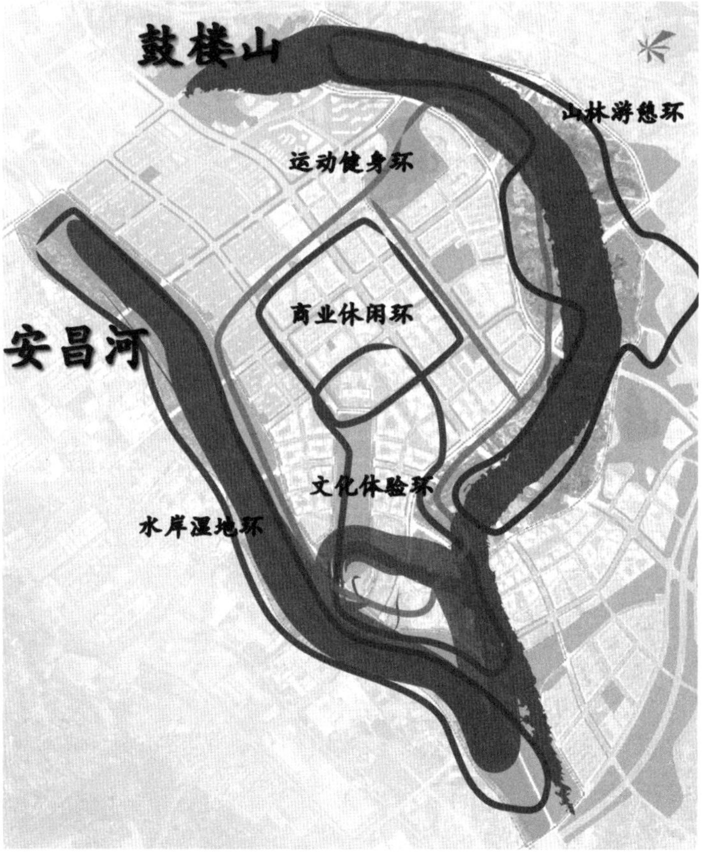

规划结构图

"峦之峰"观景台效果图

"峦之峰"观景台效果图

"峦之峰"观景台效果图

"聆听绵阳"观景台效果图

"聆听绵阳"观景台效果图

"聆听绵阳"观景台效果图

台州市椒江南岸滨江公共空间项目（先行段）

THE PUBLIC SPACE ON THE SOUTH BANK OF JIAOJIANG RIVER (ADVANCE SECTION), ZHEJIANG

项目以海塘提标改造为契机，以“聚椒江岸，和合生活”为主题，打造一条集超级安全，超级链接，超级生态，超级记忆，超级乐活于一身的“超级海塘”景观带。在提高防护标准的同时，植入复合的城市功能，践行生态保护理念，推动椒江南岸公共空间向“生活秀带”转变，实现融塘于城，还塘于民，兴塘于业，弘塘于文。

1. 安全海塘——设计加设二级生态护坡，将防护标准从 50 年一遇提高到 100 年一遇，同时采用生态固坡技术将硬质驳岸生态化，形成呼应潮水涨落的消落带。护坡坚固耐冲刷，在生态化的同时有效的增强滩涂的稳定性，极大改善海塘的安全。2. 记忆海塘——设计对原址沿岸留下的沙石堆场进行原型研究，提取沙丘状单元及线性传送带元素呼应场所记忆，沙丘转变为绿丘，履带升级为步道。结合江岸的二级防汛平台，15 组圆锥状单元通过正置和倒置的空间组合方式形成可进入，可攀爬，可跨越，可游赏的“超级碗”观游系统。3. 生态海塘——设计植入人工湿地系统，促使江岸由棕转绿。生态团队创新性地提出“水平潜流人工湿地 + 表面流人工湿地 + 沉水植物塘”组合工艺，形成完整的净化体系。东南端设沉水泵从永宁河取水，进入南地块丘状与阶梯状的水平潜流湿地进行一次处理，流经附近的表面流湿地。经过水泵提升、由管渠输送进入废弃啤酒罐改造而成的储水设施，经紫外线消毒后，以跌水或瀑布的形式流入北侧儿童嬉水池，最后经过外侧的表面流湿地及沉水植物塘进行二次净化，排入椒江。4. 双闸桥驿——充分利用永宁河口两座水闸之间的缝隙空间，设置多级观景平台，将原本孤立的水工设施链接为整体。多级平台以七组斜向楼梯作为主要支撑构件，将结构形式与漫游路径相结合，各层间置入通透的玻璃盒体作为公共服务功能，屋顶全天候开放，为市民提供远眺椒江的最佳观赏点。5. 乐活海塘——从登高远眺的屋顶露台，到伸入江面的百米长桥，从穿越啤酒罐的凌空步道到超级碗内的花池戏沙、叠池戏水……“超级海塘”为市民提供了多样化，多维度，有温度，有记忆，有活力的滨水空间体验。

设 计 者：章明　张姿　丁纯　陈凯扬　丁阔　王绪男　林瑜洋　刘炳瑞　张雯珺　吴炎阳　江宇薇　刘昊
工程规模：占地面积 3.5hm^2　建筑面积 885m^2
设计阶段：方案设计、初步设计、施工图设计、施工完成
委托单位：台州市椒江城市发展投资集团有限公司

鸟瞰图

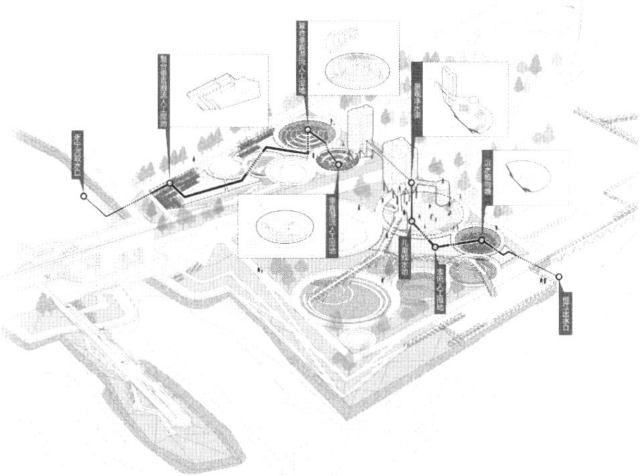

生态技术分析图

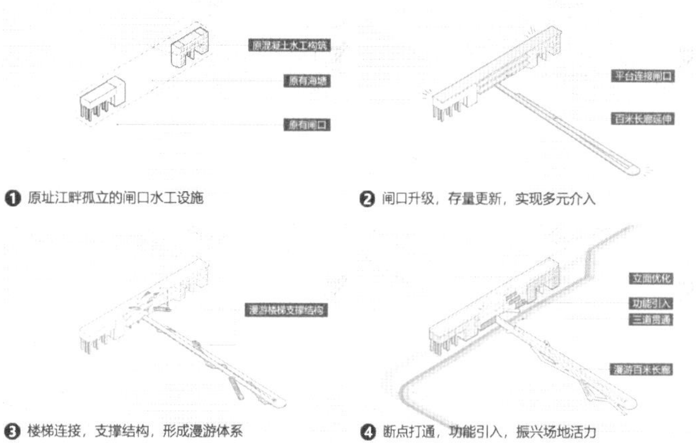

闸桥生成分析

上海市苏州河南岸黄浦区段滨水公共空间

THE BUND SECTION OF SUZHOU CREEK WATERFRONT PUBLIC SPACE, SHANGHAI

苏州河，作为上海的母亲河，百年以来孕育了上海的民族工业和百态生活，也曾遭受严重污染。经过二十年的努力，河水逐渐清澈、空间逐渐复兴，将转型为“特大城市宜居生活的典型示范区”。设计提出“上海辰光，风情长卷”的主题，自东向西分为——精致门户形象的“苏河之门”，体现上海百态的“苏河之眸”和感受休闲舒适的“苏河之驿”三个段落。充分挖掘系统性的要素，梳理出协调共荣的五带——浓缩的海派人文风情博览带，典雅的像素化艺术景观带，精致的水岸休闲步行带，多元的绿色生态休闲带和复合的滨水健身休闲带，构成“一卷三段落、五带十二景”的总体格局。

1. 有限尺度条件下整体性、开放性、精致性的公共空间营造——九子公园改造中，以“城市公园开放化”为首要策略，梳理原有动线贯通内外，城市公园与滨河公共空间融为一体，相互赋能。2. 丰富历史文化遗存原真性、时代性、特征性的呈现——划船俱乐部始建于19世纪初，在城市发展中，两翼被拆除，在公共空间复兴中使用钢结构进行现代化的演绎，让曾经的体量以“叠加态”重现。在介亭设计中，利用上海著名的吴淞路闸桥的遗留桥墩，悬浮架设钢制长亭，人们亭下休憩，绕树上行、亭上观景，钢结构的轻盈与桥墩的粗壮形成独特美学体验，激活了城市历史遗存。3. 城市基础设施景观化、复合化、公共化的景观节点转型——第一加油站位于中国第一座加油站原址，以具有结构价值的折板语汇呼应历史，异形清水混凝土与钢制折板结合通透界面，融合精品超市、咖啡厅观景露台等功能，成为具有类型学价值的滨水空间节点。飞鸟亭则将道班房与观景厅结合，采用翻转铝板结构，轻盈落于河畔，可坐可赏可游。4. 亲切尺度水系中积极的、多样的、合宜的亲水关系塑造——通过局部抬升滨水步道形成尺度适宜的观水空间。在空间狭窄、防汛墙高差过大的段落，利用插板式防汛墙的策略保证非汛期开阔视野。5. 复杂线性空间中节奏性、体验性、融合性的生态种植构成——对于场地中废弃的半地下道班房，保留结构框架梳理地形，部分框架成为树池，依原主题补种樱花树，在框架上架设钢结构步道，绿化种植成为空间建构的要素，形成多层次观景、立体化漫游的“樱花谷”。

设 计 者：章明　张姿　王绪男　丁纯　丁阔　张林琦　林佳一　郭璐炜　刘炳瑞

工程规模：东段面积 26 827m^2　西段面积 7702m^2　九子公园 6938.7m^2

设计阶段：方案设计、初步设计、施工图设计

委托单位：黄浦区规划和自然资源局　上海市黄浦区绿化管理所　上海市黄浦区市政工程管理所　中石化

鸟瞰图

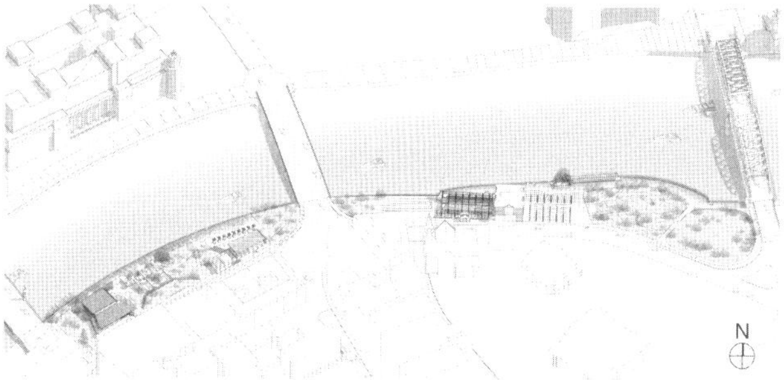

东段轴侧图

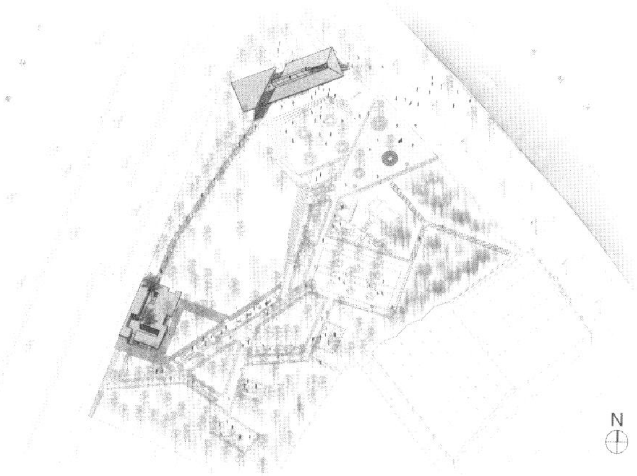

九子公园轴侧图

划船俱乐部

九子公园鸟瞰

黄岩“南北文化轴”历史景观体系再生概念设计

A REGENERATION DESIGN FOR THE NORTH-SOUTH CULTURAL LANDSCAPE AXIS OF HUANGYAN, ZHEJIANG

黄岩老城是古代城池风水选址的典范，北有翠屏山与永宁江龙脉倚傍，东西有松岩山与九峰山双砂拱卫，南有委羽山五行朝揖，形成了群峦环抱、江河缭绕、鉴洋水泊的奇丽山水格局，成为“一轴四域”蓝图的地文要素。“一轴”为：翠屏山儒家群贤文化区，黄岩老城历史文化街区，委羽山道家文化景观区；“四域”为：九峰山、松岩山、沙埠窑遗址、院桥鉴洋湖。本项目对“一轴”上的重要节点进行概念设计。

拟在古城龙脉翠屏山上，创建新人文景观——翠屏阁，作为文化轴北端标志性建筑。美轮美奂的翠屏阁创意设计灵感，来自明代大画家仇英所绘吴地今已绝迹的“盝顶歇山十字脊”楼阁，可称“四山拱盝”，具有适地性、独特性和唯美性，将成为致敬黄岩历代先贤的文化胜地标识。

在黄岩老城中，新建拱辰门、迎薰门、北门大桥及锦江小学。

拱辰门、迎薰门是南北文化轴穿过的古代节点，应原址原貌复建；北门大挢是南北文化轴穿过的现代桥梁，宜古韵新风重生。符合“守正不守旧，尊古不复古”的时代精神。

锦江小学位于孔庙西侧，在原学校基址上，留、改、拆、添并举，将保留历史建筑作为重要元素纳入学校规划设计，在文物环境中办学，结合文化遗产进行励志教育。将文庙与学宫相辅相成的庙学仪式空间以现代方式重新演绎，结合集约化、立体化的空间设计理念，新旧共生、和而不同，形成台州城市新亮点 – 庙学文化节点。

设 计 者：常青　张鹏　刘伟　门畅　毛燕　张子仪　张雨慧　赵英亓　王沿植　陈秋杏

工程规模：建筑面积约 50 000m^2

设计阶段：概念设计

委托单位：台州市黄岩区住房和城乡建设局

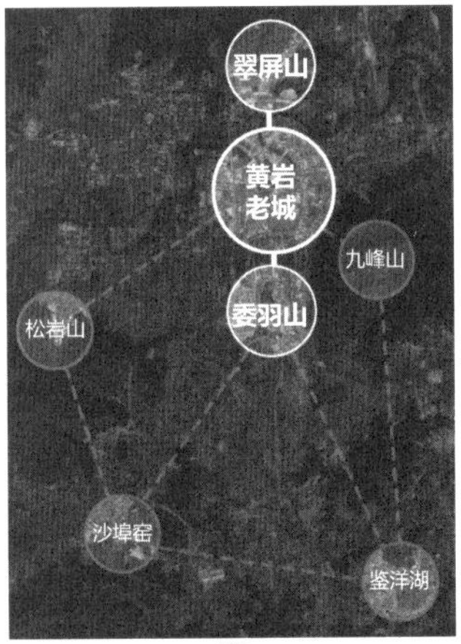

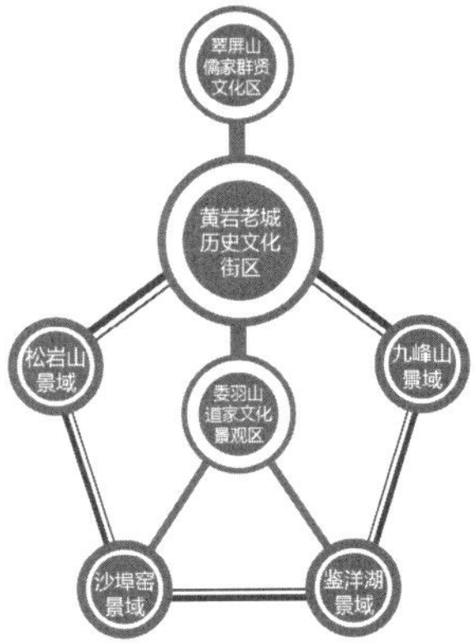

“一轴四域”关系图

锦江小学整体鸟瞰图

翠屏阁效果图

拱辰门效果图

翠屏阁效果图

北门大桥效果图

成都市淮州新城职教城“三校一中心”建设项目景观设计

HUAIZHOU VOCATIONAL EDUCATION CITY"THREE SCHOOLS AND ONE CENTER" PROJECT LANDSCAPE DESIGN, SICHUAN

“三校一中心”位于成都市金堂县淮州新城，是成都国际职教城四大共享中心之一，旨在营造一个学校、城市、生态、产业共享融合的共享街区，是淮州新城共享理念的起步区、实践区、示范区。项目总用地面积 43.62 公顷，其中景观面积约 32.4 公顷。

设计以“丘谷聚享，织梦未来”为主题，突出“自然、共享、活力、智慧”的场所精神，引领“校园 + 公园”的全新城校生活方式。提取场地微丘特质与自然肌理，塑造连续起伏的浅丘绿谷，以自然曲线为设计语汇，融合建筑形态形成一体化表达。以公建与绿谷景观缝合场地，打破城校界线，打造无界校园，通过富有节奏变化的主题空间设置，营造起承转合的韵律空间，提供“课堂 + 课余”“平日 + 节事”的分时段、多功能、灵活可变的共享空间，营造活力氛围。共享慢行系统贯穿整个园区，串联架空连廊、各层建筑、地面层以及绿谷层多维空间，立体复合成网，提供了“仰视、俯视、平视、近观、远眺”等丰富的观景体验。利用建筑周边不同尺度空间的林下环境，结合微地形，整体打造“林下创想，自然课堂”的主题校区景观。

设 计 者：王立颖　唐进　夏敏　马云富　王辉　邱俊雅　陈超　米雪　丁文韬　邓晨宇　袁满
建筑设计团队：同励建筑设计院
工程规模：项目总面积 43.62hm^2，其中景观面积约 32.4hm^2
设计阶段：方案设计、初步设计、施工图设计
委托单位：成都鑫文投资发展有限公司

绿谷鸟瞰图

节点效果图

启东市启晟写字楼景观设计

LANDSCAPE DESIGN OF QISHENG OFFICE BUILDING, JIANGSU

项目位于江苏省启东市建设南路以西、金沙江路以北。园区建筑群包括塔楼、辅楼、裙房及连廊，功能以社会服务、办公、会议、文化宣传为主，是公安局业务技术用房功能的延伸。项目建设用地为 4.64 平方公里，景观设计范围包括地面景观和 4 处屋顶花园，面积为 3.46 平方公里。

整体设计目标为创造一个既能展示政府职能机构的正义形象，又能提供清爽简洁的户外空间，且能体现高效开放的公安办公园区。

在景观形象上强调严谨公正的外部界面和亲切宜人的内部空间，在设计元素上营造素稳重大气的景观氛围和简洁工整的景观细节，在功能使用上以内部人员的日常休憩结合外部访客的接待游览。

场地主入口位于建筑南侧，其他各方位均有分布次入口。根据景观功能，地面景观分为形象展示区、建筑附属区、交通辅助功能区，屋顶花园分为运动花园、办公花园、休闲花园和观景平台。

园区建筑群南侧界面被视作园区形象展示的关键窗口。主入口信念广场、西广场和东广场依次呈现于南侧界面，共同营造出一个宏大而庄严的序列。主入口广场设计简洁有序，以坚实的硬质铺装为特色。广场上灵活设置了可移动的树池，不仅增强了整体序列感，同时也保留了空间的灵活性和可变性。广场北侧靠近办公大楼的一侧，地形逐渐升高，通过台阶、台地花坛以及整齐修剪的绿篱相结合，打造出一个向上延伸的空间序列。这一设计手法使得公安局办公建筑显得雄伟高大，突显出其庄重而壮丽的氛围。

屋顶花园整体上以简洁、规则式布局为主，但在空间组织上更为灵活，可包容多样性的空间内容，创造出或大或小、或动或静的差异化空间，进一步细分为运动花园、办公花园、休闲花园和观景平台，以满足公安人员各类活动需求，打造多功能的屋顶花园体系。

设 计 者：李瑞冬　潘鸿婷
工程规模：基地面积 3.46m^2
设计阶段：方案设计、施工图设计
委托单位：启东市忠诚信开发建设有限公司

主入口广场效果图

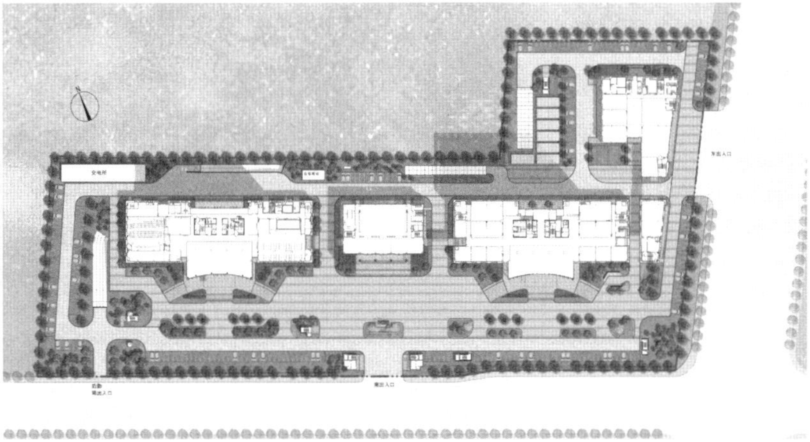

一层平面图

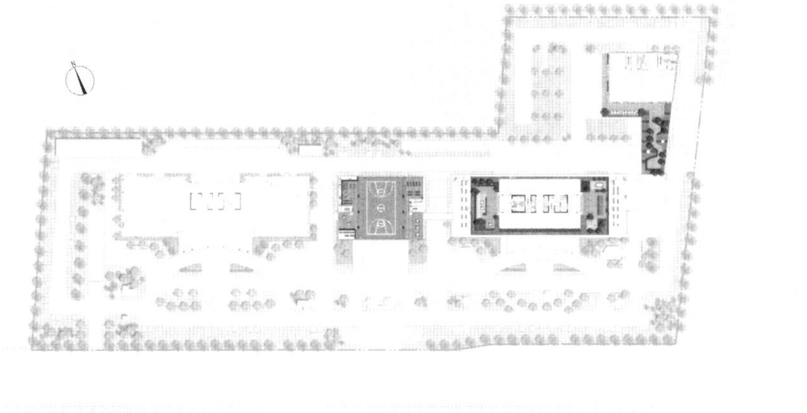

屋顶平面图

地面层效果图

屋顶花园效果图

上海市轨交 14 号线武宁路站周边绿化恢复及绿化改造项目

RESTORATION AND RENOVATION PROJECT AROUND WUNING ROAD STATION ON SUBWAY LINE 14, SHANGHAI

项目位于上海市静安区武宁南路（长寿路 – 余姚路），是以轨交 14 号线建设为契机的地铁站周边城市绿地恢复和改造项目。同时，本案位于静安区与普陀区的交界地带，也是静安区一处重要门户。

项目组成包括沿路线性绿化和三处节点绿地，其中沿路绿化包括沿线行道树、绿化带、分隔花箱，三处绿地分别为智慧广场绿地、怡乐花园绿地和达安花园 3 号门绿化。

沿线绿化以统一有序、增绿添彩为原则，补植季相丰富的七叶树作为行道树，并增设人行道连带绿化和车行道隔离花箱。

节点绿地以精致适用为原则，以流畅的布局和流线式铺装疏解和引导地铁出入口、小区入口及人行道的复杂通行，通过设置组合式景墙对高耸的地铁外露设施进行美化，与之相呼应的是层叠而上的花坛与水景。在细部上，透光玻璃砖、波纹铝板和不锈钢板相结合，地面绿化与墙面垂直绿化相掩映，塑造景观的质感和观感的变化。

设 计 者：李瑞冬　廖晓娟　潘鸿婷　顾冰清　吴昀昒

工程规模：基地面积 3359m^2

设计阶段：方案设计、施工图设计

委托单位：上海市静安区绿化和市容管理局

新建水景效果图

花箱与景墙效果图

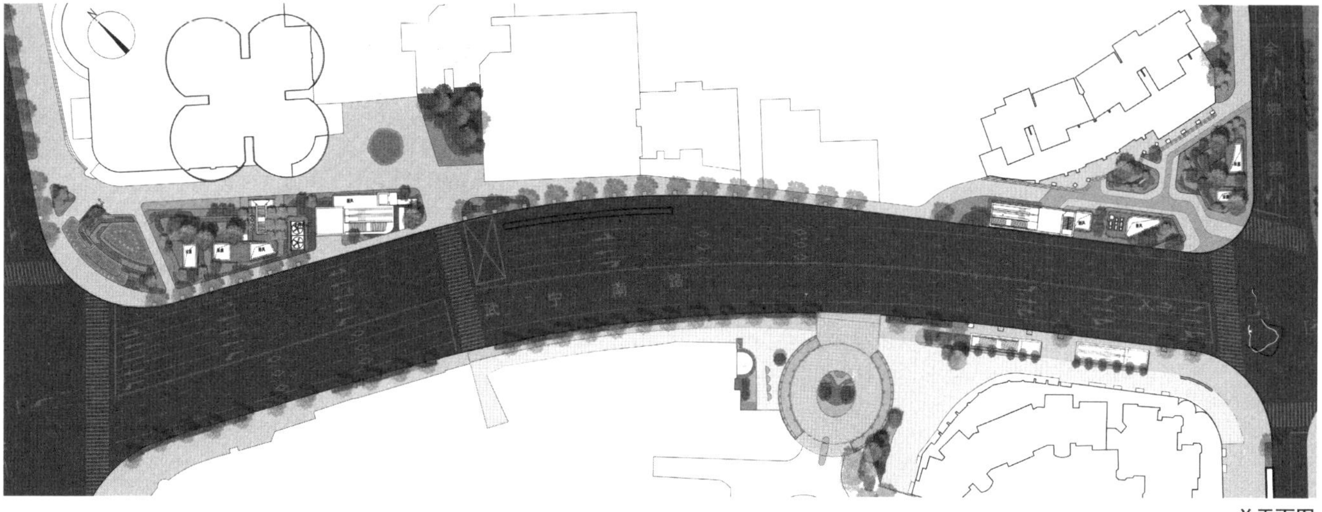

总平面图

上海市静安雕塑公园北京西路区域改造项目

RENOVATION PROJECT OF JING'AN SCULPTURE PARK ALONG WEST BEIJING ROAD, SHANGHAI

静安雕塑公园作为城市公园绿地，是上海市中心区唯一的专类公园，总占地65 000平方米。其以上海自然博物馆（地铁13号线自然博物馆站）为中心，多景区组成的空间组织结构独特，绿地与雕塑融合的公园艺术个性鲜明。为进一步响应公园开放化需求，对其南侧沿北京西路边界进行开放化改造，涉及改造范围面积约15 000平方米。

本次改造以打造上海中心城区全面开放的公园试点为目标，同时以此为契机，提升公园沿街景观，形成静安雕塑公园沿街开放的、特色的公园景观。在改造思路上，以不同程度的开放性，满足不同维度的开放需求，根据公园现状特征将改造内容分为三段：西段以绿为边，打开视线；中段以水为界，塑造精品；东段活力植入，开放共享。

在改造措施上，通过空间开放，提升景观，以水景为变化的雕塑，塑造北京路界面的景观主体，两侧林下花带进行陪衬，视觉上将公园景观纳入城市街道空间。充分保护公园内的红花槭、香樟和樱花等大树，通过下木与地被提升、水景与设施置入、边界延人行道后退、入口开设等措施，将现状大树与改造景观融为一体，形成开放共享的景观界面。同时，提升公园的排水、照明、休憩设施和绿化种植，使公园有了全面的提升。

设 计 者：李瑞冬　曹刚　廖晓娟　潘鸿婷　吴昀贻

工程规模：基地面积 1.5hm^2

设计阶段：方案设计、施工图设计

委托单位：上海市静安区绿化和市容管理局

效果图

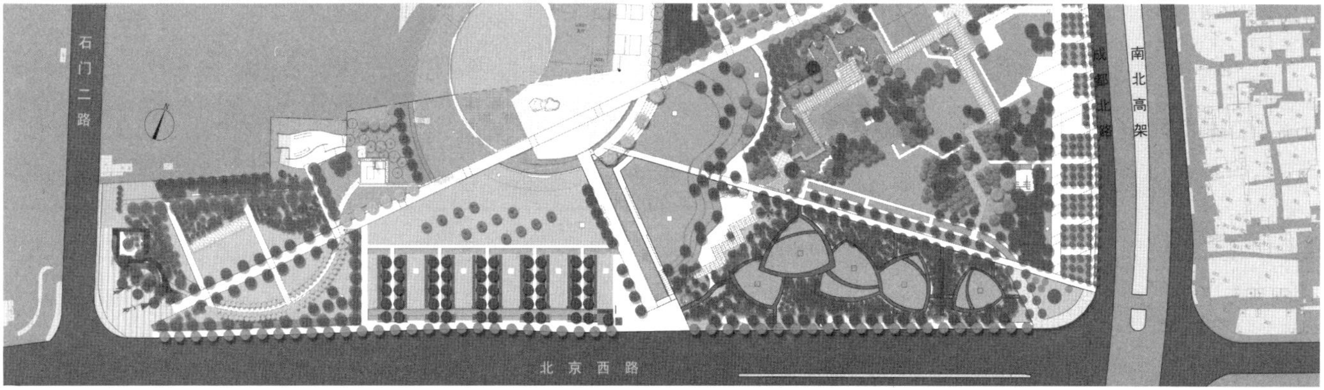

总平面图

建成照片

上海市赤峰路美丽街道提升

2021 CHIFENG ROAD BEAUTIFUL STREET IMPROVEMENT,SHANGHAI

项目 NICE2035 赤峰路未来生活原型街区主动对接杨浦上海科创中心重要承载区的定位，结合 AI 人工智能最新发展，基于“生活实验室”理念，实景运作，持续迭代，成为上海创新的新引擎、策源地和实验室。

项目全线涵盖环同济产业界面、未来生活原型街，同济大学校区界面。此道路以未来创意生活原型为主题，打造同济大学一流大学校园创新生态新亮点、上海“四新经济”和“四大品牌”的城市名片、环同济转型升级的标杆性项目、智慧社区的实景实验室、年轻人网红打卡地。项目策划邀请多位知名艺术家设计 9 大主题节点，提升赤峰路的活力。

设 计 者：娄永琪　季祥　郭泠　张杰　尤优　孙亦菲　丁卓媛
工程规模：道路长度 980m
设计阶段：方案设计，施工图设计
委托单位：杨浦区绿容局

翻转同济墙面

人行步道

涂鸦墙

景观花园节点

涂鸦墙

上海市民星路（中原路 – 白城路）美丽街区项目

THE STREET RENOVATION OF MINXING ROAD, SHANGHAI

民星路位于上海市杨浦区中原地区，本项目改建范围为民星路（中原路 – 白城路段），共3个路口，周边以居住、生活服务、教育功能为主。在“美丽街区”建设工作的要求下，设计对民星路进行整体街道风貌提升，提升内容包括道路铺装、公共设施、围墙立面、店招店牌、绿化街景等方面，有效推动民星路从“以车为本“转向”以人为本“，使之成为绿色、安全且充满活力的城市空间。设计主要策略如下：

（1）挖掘小微空间，构建街道纤维绿网：新增连带绿化，将街道打造为绿色廊道，起到降噪、除尘等生态功能；挖掘街道剩余与存量空间，新增多处微公园，以点带面，激发街道活力。

（2）提取街道底蕴，赋予街道主题特色：街道立面风貌提升顺应原有街道色彩体系，以红色系为基调，贯穿围墙彩绘、建筑立面改造等；小品设施、围墙立面等设计中，融入街道路名，使得街道可识别、可阅读。

（3）改造、保留相结合，精准化提升街道风貌：街道风貌提升设计中，坚持精细化调研与分类，有针对性地提升街道立面，翻新改造与原样保留相互结合，形成丰富的街道界面，延续文脉特色与氛围的同时为街道界面注入新的活力。

设 计 者：李瑞冬　彭唤雨

工程规模：道路长度 1.1km

设计阶段：方案设计、施工图设计

委托单位：杨浦区绿化和市容管理局

民星路建筑立面改造前后对比

民星路人行道改造前后对比

民星路围墙改造前后对比

民星路围墙改造前后对比

民星路小区入口改造前后对比

民星路小区入口改造前后对比

民星路转角立面改造前后对比

民星路店招店牌改造前后对比

民星路街头绿化改造前后对比

上海市杨树浦路美丽街区建设项目

BEAUTIFUL BLOCK DESIGN PROJECT OF YANGSHUPU ROAD, SHANGHAI

杨树浦路始建于1869年，由于最早拥有完善的市政配套管网，曾被誉为“沪东第一路”，自1927年以来，尚未进行过彻底的扩建改造。150多年间，百年工业兴盛褪去，留下杨树浦路完整的街道空间与风貌，也留下得天独厚的历史印记。

项目西起大连路，东至黎平路，共有20多个路口与其交叉。总体上呈现工业特征明显、街区界面丰富、绿地与绿量偏低、历史与现代交织等特点。为此，杨树浦路美丽街区项目从空间界面塑造、开放空间梳理、绿地绿化建设、设施小品配给等方面对道路进行了全方位的环境更新与提升。

街道空间界面塑造——根据街道周边的功能、未来规划、现状等，将街道空间界面梳理为历史建筑与街区界面、公共建筑界面、住区与单位围墙界面、开发地块临时围墙界面以及底商界面等多种形式，结合道路与市政工程、历史建筑保护工程等，分段、分类进行空间界面的打造。具体措施包括：历史建筑修旧如旧、立面元素提取与运用、地脉文化的再现与重生、立面绿量的提升。

街道绿化网络打造——结合杨树浦路道路工程建设及周边地块整合，拉通与杨树浦路交叉道路的横向空间，通过增设沿墙绿化、地块内部透绿、待拆迁地块内部延围墙增绿、节点绿化挖潜等措施，与道路机非分隔带、人机分隔带等连带绿化，共同形成区域点、线、面结合“绿网贯通、微园串联”的街道绿化网络。在绿化节点塑造上，装饰性绿地与休憩型绿地结合，探索街头绿地向口袋公园的转化，形成了7个面积在200 ~ 500平方米，总计约1500平方米的街头微公园，以及面积从50 ~ 100平方米不等20多个点状装饰型绿地。同时，结合绿化网络建设，提升沿线绿地的彩化率，塑造四季有景的街道绿化。

设 计 者：李瑞冬　廖晓娟　潘鸿婷　吴昀昀
工程规模：道路长度4995m
设计阶段：方案设计、施工图设计
委托单位：上海市杨浦区绿化和市容管理局

隆昌绿地效果图

临时围墙建成照片

内江绿地效果图

德纱绿地效果图

许昌绿地效果图

大连绿地及天章造纸厂立面效果图

安波路美丽街区建设项目

BEAUTIFUL BLOCK DESIGN PROJECT OF ANBO ROAD, SHANGHAI

项目位于杨浦区五角场街道，是杨浦核心商业区的外围支路，改建范围为安波路（国定东路 – 包头南路段），全长 1.9 公里，共 5 个路口。为响应上海市及杨浦区“美丽街区”建设工作，在完成核心商业区街道提升的基础上，对其周边道路环境进行同步提升，提升内容包括城市道路、公共设施、围墙立面、店招店牌、绿化街景五个方面。

根据现场调研，安波路（双阳北路 – 包头南路段）的主要特征为教育氛围浓厚，沿线分布有复旦实验中学、杨浦小学、翔殷幼儿园和延吉幼儿园，校园界面占比道路全长的 1/4。同时，这条道路也存在商业界面杂乱、绿化空间郁闭、绿化种植单调、地面铺装破损、道路设施陈旧等问题。针对这一状况，我们提出了“乐学安波路”的改造定位，旨在将这条街道打造成一个充满教育氛围、青春活力和蓬勃生机的教育服务街道。通过一系列创新的设计和改建措施，努力改善商业界面的秩序，优化绿化空间，丰富植被种植，修复地面铺装，更新道路设施，以塑造一个更为宜人、舒适的校园周边环境，为学生们提供一个更具品质的学习成长空间。这一改造项目不仅将使得安波路焕发新的活力，也将为整个社区带来一片崭新的面貌，成为彰显教育与生活共融的典范之地。根据“乐学安波路”的改造定位，营造教育引导、步道连续、舒适安全的教育服务街道，具体策略如下：

策略一：开设成长之路，提升教育氛围；

策略二：特色围墙设计，增强趣味互动；

策略三：活化点状绿化，丰富街道体验。

设 计 者：李瑞冬　吴昀昀　廖晓娟　彭唤雨

工程规模：道路长度 19 000m

设计阶段：方案设计、施工图设计

委托单位：上海市杨浦区绿化和市容管理局

延吉幼儿园廊架建成照片

营口路绿地效果图

新建景墙及口袋公园效果图

延吉幼儿园廊架效果图

延吉幼儿园休憩坐凳效果图

延吉幼儿园围墙休憩坐凳建成照片

延吉幼儿园围墙改造建成照片

第十届中国花卉博览会上汽花园方案设计项目

10TH CHINA FLOWER EXPO - SAIC GARDEN, SHANGHAI

上汽花园位于第十届中国花卉博览园（上海）的企业展园区，总面积约 1000 平方米。

花朵柔软、浪漫，汽车坚硬、冷峻，仿佛两个极端，“上汽花园”将二者有机融合，打造别具一格的汽车花园和易卉花街，花园设计理念：汽车不至于交通（more than transportatin）；花园不至于自然（flower in everywhere）；市场不至于商品（exchanging romance）。

花园整体采用回游、圈层式格局，从内到外分别为花境、花街、花车，打造小而美的花园空间。

花园选用上汽厢型车作为基本车型，其外形简洁，适合进行外立面改造，可赋予多样化的花卉主题；同时结合花园布局形式分为单开花车和双开花车，环绕花园外侧及花境布置，满足对外形象展示、对内围合花街的双重作用。

设 计 者：李瑞冬　彭唤雨

工程规模：建筑面积 1000m^2

设计阶段：方案设计

委托单位：上海崇明花博发展有限公司

上汽花园花街效果图

上汽花园平面图

上汽花园主入口效果图

上汽花园花境效果图

奉贤中学生活区迁建工程项目

FENGXIAN MIDDLE SCHOOL LIVING AREA RELOCATION PROJECT, SHANGHAI

项目位于上海之鱼南侧，直线距离 1200 米；项目南临南奉公路，东临文耀路，地块东侧紧接城市绿地。

设计立意：学海、书山——学海无涯勤作舟，书山有路志为梯。

1. 裙房为舟

意向：书山有路，学海有舟。五栋宿舍塔楼形似五座书山，塔楼局部设挑空中庭，内设阶梯攀延而上；塔楼两层红色基座与食堂建筑形态上联通，基座整体形似方舟，使得建筑群沿城市界面形成连续界面形象；

空间：共享庭院，空中花园。塔楼与食堂围合形成庭院空间，建筑首层架空部分形成半室外花园，顶层设屋顶绿化；

功能：多元融合、开放共享。集门厅、配套、服务、活动、庭院等功能为一体，对全体师生开放共享。

2. 书山有梯

书山之意、起伏之形：五栋宿舍塔楼塔楼取书山意向，屋顶转折起伏，塑造独特的山形天际线；

空中楼阁、五方视角：研究五栋塔楼与城市、周边环境的关系，以东西南北中五方为观景视角，分别在塔楼内设置空中共享空间；

空中阶梯、登高望远：在研阁楼内设空中楼梯，登高望远，追求探索。

设 计 者：李振宇　成立　徐旸　肖国文　孙楠　陈曦　黄嘉璐　钱靖恒　李纹槿

工程规模：建筑面积 64 467.04m^2

设计阶段：概念设计、方案设计、建筑专业初步设计

委托单位：上海市奉贤区教育局

整体鸟瞰图

食堂效果图

食堂室内效果图

庭院效果图

沿南奉公路效果图

海南陵水黎安国际教育创新试验区学生生活一区

THE FIRST DISTRICT PROJECT OF STUDENT DORMITORY IN LI'AN INTERNATIONAL EDUCATION INNOVATION PILOT ZONE, HAINAN

如何在较为密集的环境中，既达到对珍贵土地资源的高效利用，又创造出较为舒适通透灵动的人居环境是本项目要解决的重要命题。同时自然采光通风，首层架空，和垂直绿化、屋顶绿化等多种新技术的应用使建筑更加节能环保。

山谷课堂——错落拔高建筑体量，减少密集度，层层退台利用屋顶空间，局部留空洞空间通风，结合绿化平台，形成灵动的山谷意向，与周边自然山水完美契合。

高层平台可观山岭，可瞰大海，可观星辰，亦是三五好友展扩心胸，高谈阔论，煮酒话诗之地，以此胸中山河，心怀天下，一展面向未来的国际化教育与生活方式。

空中游廊——将中国传统岭南园林中“廊”的意象引入设计，在生活区组团中形成一条空中游廊，成为课外交流交往空间，空中游廊作为公共空间承载休息，交往，健身，书吧等多种复合共享功能，打造素质教育第三课堂。

学生街——学生街是学生生活区永恒不变的活力源泉，方案利用地形的变化，沿山海通道方向打造一条半地下的商业街。结合首层几乎全部架空的架空层，契合南方沿海热带高温高湿气候对环境的要求，同时拓展出无限可能的功能和交往空间。

设 计 者：涂慧君　倪峰　汤佩佩　叶佳怡　苏国维　贾远林　刘鸿洋　顾一波　黄武毅　李凤华　姜文辉　刘佳星　刘海东　孔德强　沙正军　傅兰英　王音　崔园园

工程规模：建筑面积 81 715m^2

设计阶段：方案设计、初步设计、施工图设计

委托单位：海南陵水黎安国际教育创新试验区开发建设有限公司

透视效果图

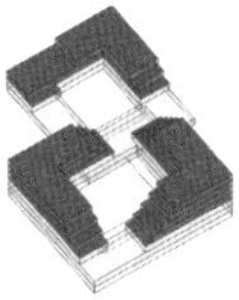

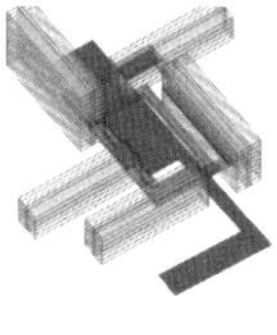

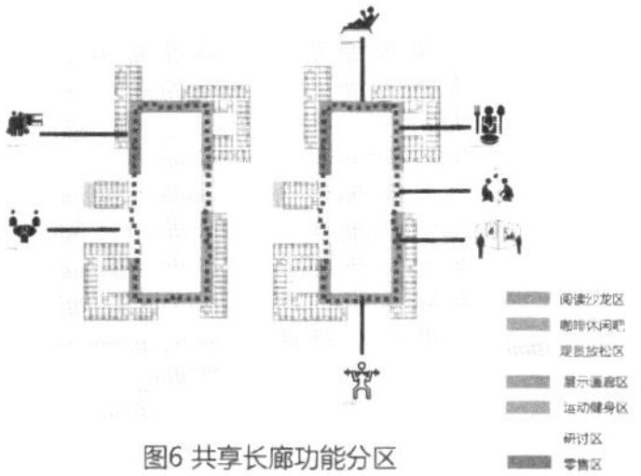

图6 共享长廊功能分区

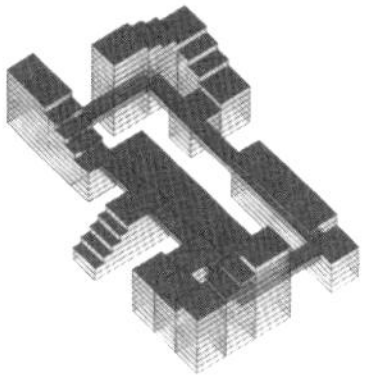

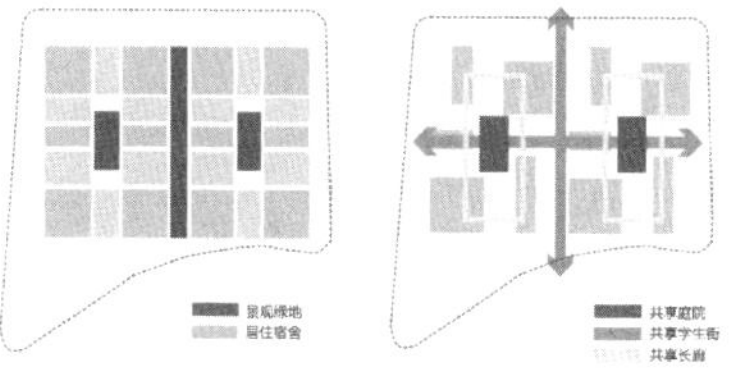

山谷课堂

空中游廊

共享生活

杨州市 G15 地块教育配套建设工程

G15 PLOT EDUCATION SUPPORTING CONSTRUCTION PROJECT, JIANGSU

项目位于扬州市江都区东北片区，西侧紧邻城市干道新都北路，东侧为城北教育集中区，文化氛围浓厚；南邻老通扬运河，周边生态景观资源禀赋；利于营造以人为中心的生态宜居社区环境。设计从当地的历史底蕴中汲取文脉，整理出以江南水乡，古典园林为范本的院落空间形式，依次打造当地特色的文化社区，投射富有扬州印象的地域文化。规划遵循传统合院形制，呈现宅 – 院 – 园的归家礼序；建筑以坡顶 – 青瓦 – 白墙为设计语言，展现新江南风格；景观以园林之意境，辅四季之景，造社区客厅。

规划总体布局呈现“一带一廊一心”的规划结构，将老通扬运河的景观资源融入小区景观体系，打造核心水景观，与运河水系空间呼应，同时串联景观步道，形成一条活力通廊。引入海绵城市设计理念，通过雨水收集、渗透式景观、水景观和微地形设计，营造生态宜居的居住环境。建筑立面采用现代时尚的设计风格，通过有韵律有变化的线条，形成和谐的立面效果，比例工整严谨，细节考究，结合建筑美学及哲学理念，塑造高品质建筑形象。立面材料的选择秉承经济美观的选材原则，建筑下部以深褐色石材为主，上部以米白色复合铝板、米白色真石漆和褐色真石漆为主，屋顶层采用米白色金属穿孔板。对比强烈层次丰富，形成稳重与轻盈相结合的立面效果。建筑设计与景观水相互渗透，营造灵动交融的园林意境和富有诗意的江南情调。

设 计 者：匡晓明　王文胜　安晓光　史巍　朱国营　崔项　彭薇颖　温浩然　杨依桓　刘建　钟强　张明科
工程规模：建筑面积 62 666m^2
设计阶段：方案设计、初步设计
委托单位：扬州龙川控规集团有限责任公司

鸟瞰图

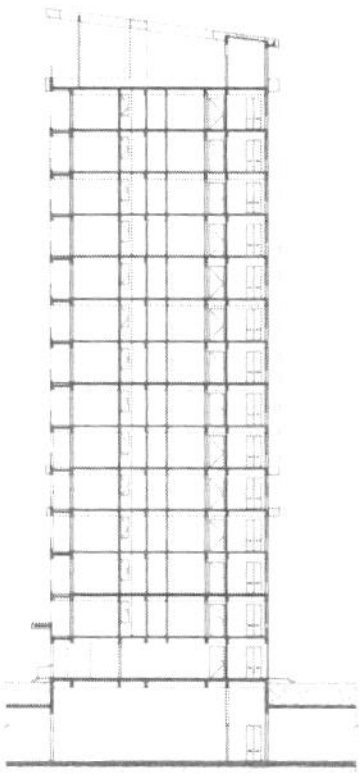

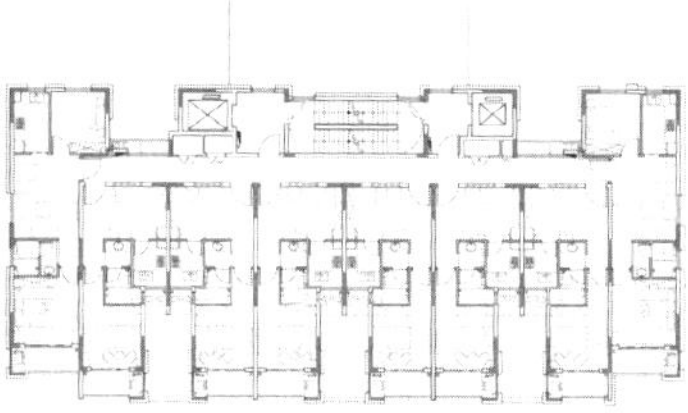

总平面图

剖面图

标准层平面图

南安市中心城区·北山片区城市更新规划设计

URBAN RENEWAL DESIGN OF THE BEISHAN AREA IN THE CENTRAL CITY OF NAN'AN, FUJIAN

项目位于南安市中心城区北山片区，建设用地分为四个地块，拟建设高品质景观居住区。

1. 山水为底本，文化为线索：尊重山水环境，透绿亲水，让更多的住户看见自然，融入自然，相看两不厌，悠然见南山；发挥闽南文化特色，品茗读书，让更多的居民享受庭院文化。

2. 社区求共享，形式有创新：住区既为居民服务，也为城市增色，成为可以阅读、可以局部共享的城市空间；在建筑形式上打破千篇一律，追求在地性、当代性、艺术性，实现传统文化和当代生活的有机结合。

3. 户型有特色，内外有对答：丰富多元的户型搭配打破千篇一律的固定程式，创造新的空间价值，创造属于南安的空间类型；室内外空间贯通，庭院空间渗透进室内，打造品茗饮茶，看得见风景的观景露台。

设 计 者：李振宇　成立　徐旸　肖国文　孙楠　陈曦　黄嘉璐 等

工程规模：基地面积 113 988m^2　建筑面积 351 369m^2

设计阶段：概念设计

委托单位：南安市自然资源局

北地块鸟瞰图

南地块效果图

南地块街景效果图

室内透视图

南地块鸟瞰图

临沂市史丹利临沭桂花景园规划设计项目

SHIDANLI LINSHU GUIHUA GARDEN PLANING AND ARCHITECTURE DESIGN PROJECT, SHANDONG

项目位于临沂市临沭县，东至苍源居委水浇地，西至规划道路，南至苍源居委水浇地，北至利城大街。南侧有一条人工水系，有丰富的临水景观和良好的交通条件。功能需求方面强调洋房一层带院，储藏室不管面积大小正常划分，一层做倒复式，顶层做顶复式（临沭做阁楼层高不超2.9 米 不计容），首层商业挑高（5.5 米及以下算一层）。场地呈东高西低、北高南低，用地北侧、西侧临城市道路，南侧临景观水系，如何化解场地高差且最大化利用南侧自然景观，是本次设计的重点、难点。设计从经济、实用角度出发，将小区正负零整体抬高，北侧沿城市道路布置住宅 + 底商，商业正负零比道路标高适当抬高，市民通过台阶进入商业，住宅正负零比商业正负零抬高 2 米，使地下车库尽可能少开挖，节约成本；南侧临水住宅设计为倒复式，双首层的概念，最大化利用景观资源。建筑方案融入东方传统居住文化，同时注重与周围建筑的交融性，还体现出与周边环境的互动性。建筑造型在设计上以当地中原的居住习惯为基础，广泛吸收当代的先进的居住技术。住区建筑造型的丰富立体变化，与住区环境、城市周边自然景观紧密互动，有效利用周边景观资源提升了住宅的景观价值和居住品质。

设 计 者：吴庐生　张健　黄丹　陈武林　沈复宁　朱兴宇　葛成斌　王笑峰　万斌
工程规模：建筑面积 75 000m^2
设计阶段：方案设计
委托单位：山东史丹利景城房地产开发有限公司

鸟瞰图

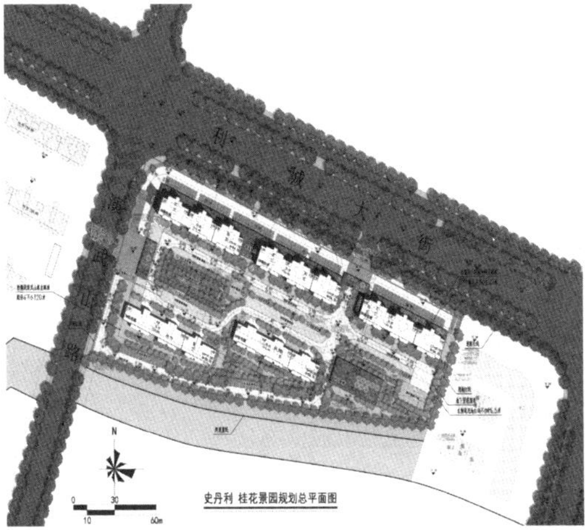

总平面图

2# 住宅楼北立面图

桂花景园入口效果图

5#、6# 商住楼南立面图

沿利城大街透视图(5#、6#、7# 商住楼北立面图)

德安县渊明大桥以西滨河大道以南地块项目

LAND PLOT PROJECT WEST OF DE'AN YUANMING BRIDGE AND SOUTH OF BINHE BOULEVARD, JIANGXI

项目位于德安县渊明大道以西，滨河大道以南，属于博阳河 ” 一河两岸” 景观片区。基地东、北、西三侧均为城市道路，区位较好，交通便利。项目基地靠近德安老城区，周边社会资源丰富，规划区域以居住、公用服务设施为主的高端综合发展区。地块北侧紧邻博阳河水岸，地块西北方向为德安县一中，周边教育及景观资源优势突出。

本项目设计用“五行诗”诠释景观、健康、活力、艺术、时尚，充分挖掘地块资源溢价，打造独具特色的生活文化区，塑造不同的街区特色空间：

1. 乐居之诗——打造超大核心绿化公园；
2. 闲趣之诗——打造多种活动场地和互动空间；
3. 风尚之诗——打造运动公园来适合多个年龄段的健身场所；
4. 自然之诗——结合南侧罗汉桥，营建主题历史文化景区；
5. 乐水之诗——利用北侧博阳河景观，楼栋的布局和户型的布置，让尽可能多的住户从尽可能多的角度享受到水景，实现水景的极致利用。

设 计 者：胡军锋　高广鑫　董天翔　张君　张鹤鸣

工程规模：建筑面积约 7.2 万 m^2

设计阶段：方案设计

委托单位：德安县自然资源局

鸟瞰图

东侧沿街透视图

南侧沿街透视图

西侧沿街透视图

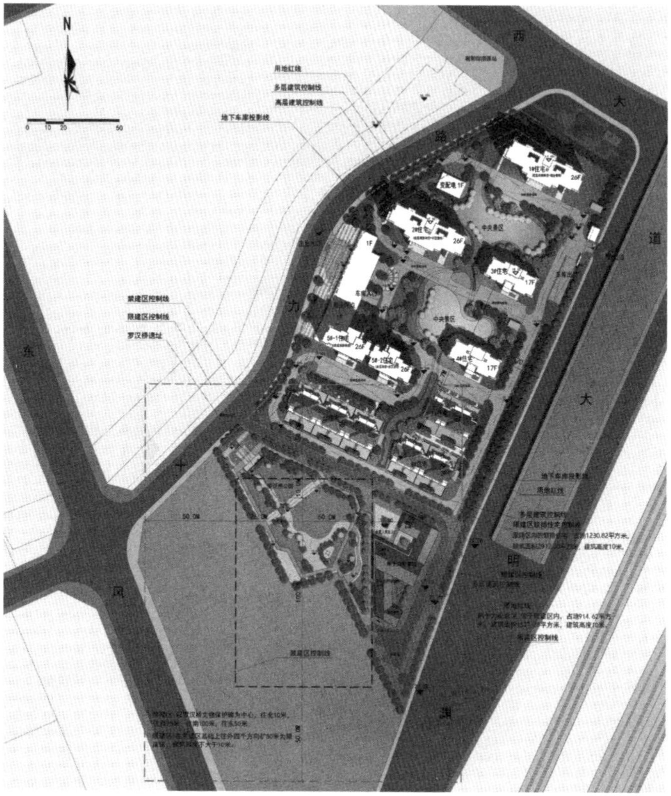

总平面图